抽水蓄能电站
生态防护技术

宋绪国　胡承江　主编

中国电力出版社
CHINA ELECTRIC POWER PRESS

内 容 提 要

"碳达峰""碳中和"目标下抽水蓄能行业迎来了重大发展机遇，但抽水蓄能电站基础建设造成的工程创面所引发的环境问题也日益突出。如何在保证工程安全的前提下，恢复或重建工程扰动区的植被，促使其与周边自然环境的融合是当下急需解决的课题。

本书编著者以多年的实践经验为基础，对抽水蓄能电站各典型部位的工程创面特点进行剖析，进一步认识其绿色生态建设的工作目标，继而从稳定性、工程防护、生态防护、坡面绿化美化等多个层次出发，对不同技术模式的组合选取、适用范围、防护植物等方面进行了综合的阐述，形成了适用于不同立地条件及部位的生态建设防护技术。本书提倡将绿色生态建设环节纳入抽水蓄能电站的规划初期，并贯彻在设计、施工、维护的全过程，扭转了以往将生态建设作为工程后期补救手段的广泛认知，对于系统进行抽水蓄能电站绿色生态建设具有重要的实践指导意义。

本书适用于水利水电行业广大设计、施工从业者以及学校等科研机构的研究人员。

图书在版编目（CIP）数据

抽水蓄能电站生态防护技术/宋绪国，胡承江主编．—北京：中国电力出版社，2021.11

ISBN 978-7-5198-6273-2

Ⅰ.①抽…　Ⅱ.①宋…　②胡…　Ⅲ.①抽水蓄能水电站—生态防治—研究　Ⅳ.①TV743

中国版本图书馆 CIP 数据核字（2021）第 247709 号

出版发行：中国电力出版社
地　　址：北京市东城区北京站西街 19 号（邮政编码 100005）
网　　址：http://www.cepp.sgcc.com.cn
责任编辑：谭学奇（010-63412218）　董艳荣
责任校对：黄　蓓　马　宁
装帧设计：赵姗姗
责任印制：吴　迪

印　　刷：三河市万龙印装有限公司
版　　次：2021 年 11 月第一版
印　　次：2021 年 11 月北京第一次印刷
开　　本：787 毫米×1092 毫米　16 开本
印　　张：10
字　　数：221 千字
印　　数：0001—1000 册
定　　价：60.00 元

编　委　会

主　　编　宋绪国　胡承江

副 主 编　吴宏炜　杜贤军

编写人员　胡紫航　吕典帅　李永林　陈丹秀　任泽栋　刘传军

李彦达　张恒玮　郭轩佑　丛中方　刘建新　李辰怡

王树武　孟　超　胡艺萌　张安宇　王思宇　陶　冶

王小元　吕美惠

前　言

抽水蓄能是当前技术最成熟、经济性最优、最具大规模开发条件的储能技术。作为一种绿色清洁、低碳且能够灵活调节的电源，与风电、太阳能发电、核电、火电等配合效果突出。在全球应对气候变化，我国努力实现“2030 年前碳达峰、2060 年前碳中和”目标，加快能源绿色低碳转型的新形势下，抽水蓄能加快发展势在必行，国家能源局新颁布了《抽水蓄能中长期发展规划（2021—2035 年）》，以指导我国中长期抽水蓄能发展。抽水蓄能行业正在成为构建以新能源为主体的新型电力系统、保障电力系统安全稳定运行的重要支撑。与此同时，我们必须看到，抽水蓄能电站开发建设和利用过程中的环境污染与生态环境破坏以及开发建设后留下的废弃地及废料等都带来了许多生态环境问题。如何有效地治理这类被破坏的生态系统，充分利用项目建设区的土地资源，是国际生态环境研究领域的热点问题，也是我国当前生态环境保护所面临的紧迫任务。

抽水蓄能电站建设扰动区域对生态环境的影响是多方面和极其复杂的，工程建设对于生态环境的扰动影响呈现普遍性、严重性、持久性和区域性等特点，而通过自然界的自我修复过程非常缓慢。因此，为了加速抽水蓄能电站建设扰动区域的生态恢复，减少或消除水利项目基础建设过程中形成的不同类型的创面对生产生活的安全威胁，保护和改善当地生态生活环境，根据水电站建设扰动区域的具体条件，利用一定的工程和技术措施开展当地生态系统的恢复与重建工作变得十分必要。

所有被破坏生态系统的恢复和重建，总是以植被重建为前提。植被恢复与重建除了本身起着构建被破坏生态系统的初始植物群落的作用外，还能促进土壤的结构与肥力以及土壤微生物与动物的恢复，从而促进整个生态系统的结构与功能的恢复与重建。因此，抽水蓄能电站的绿色生态建设核心主要是在保证坡体稳定的前提下，结合植物性措施和必要的工程性措施重新构建生态系统，尤其是重聚坡面生态聚落，最大程度地保护、恢复、改善生态环境，实现工程建设与生态环境的良性循环，这也意味着抽水蓄能电站生态防护技术是涉及多领域的科学技术，包括恢复生态学、景观生态学、水土保持学、土壤学、植物学、岩土工程力学、水力学、建筑材料学等学科领域。

作为水电站建设扰动区域植被恢复与重建技术集成的研究、设计与示范，本书对抽水蓄能电站常用生态防护技术的一般规定和防护技术、植物种类选择与配置以及养护、维护与管理进行了探讨，明确水电站创面的主要类型及其分析评价方法，从工程防护技术、植物防护技术两个方面系统论述水利水电工程中典型的绿色生态防护技术，明晰其技术要点和适用范围，进一步认识典型部位的生态绿化建设的工作目标，从绿化效果、经济性、美观性、生态性等方面规定植物种类的选择与配置，兼顾后期的养护管理。并按照大坝、道路、渣场、料场、隧道洞口、地面开关站等典型部位，提出针对性的生态防护策略。对于当下现实废弃地水土流失治理与高效利用，协调经济发展与生态环境的关系，促进经济、社会、生态环境的可持续发展，早日实现“碳达峰”“碳中和”的目标具有极其重要的现实意义和实践价值。

限于作者水平，虽然对书稿进行了反复研究推敲，但难免仍会存在疏漏与不足之处，恳请读者谅解并批评指正！

编者

2022 年 1 月

目 录

第一章

国内外抽水蓄能行业发展现状

第一节　国内外抽水蓄能行业发展概述

一、国外抽水蓄能行业发展概述

抽水蓄能电站是目前应用最为广泛的储能电站，抽水蓄能技术也是最为成熟的大规模储能技术之一。作为一种特殊的电源形式，抽水蓄能电站既可以调峰填谷、优化系统内各类电源管理系统，又可以承担事故备用、调频等动态功能，从而起到提高供电质量、保障供电安全、减少停电时间、降低环境污染等作用。建设合理规模的抽水蓄能电站，是解决电网调峰问题、保障电网运行安全、促进各类电源经济运行的重要手段，抽水蓄能电站优点、缺点及主要应用领域分析情况见表 1-1。

表 1-1　　抽水蓄能电站优点、缺点及主要应用领域分析情况

优点	缺点	主要应用领域
技术成熟	效率较低（60%～75%）、响应较慢	大电网调峰、配合核电、火电调峰
适用于大规模储能	对地理条件要求严苛	系统备用
成本较低，约 500～900 美元/kW	建设周期长	电网频率控制

世界上第一座抽水蓄能电站于1882年在瑞士苏黎士建成，但直到20世纪50年代，抽水蓄能的发展仍然十分缓慢，主要集中在西欧少数国家。从 20 世纪 50 年代开始，抽水蓄能电站的发展进入起步阶段，年均新增装机容量约为 20 万 kW，至 1960 年，抽水蓄能装机容量达到 342 万 kW，约占总装机容量的 0.62%。20 世纪 60 年代以后，抽水蓄能电站得到了快速发展，至 1990 年装机容量达到 8687 万 kW，占总装机容量的 3.15%，30 年内装机容量增长近 23 倍，占总装机容量的比例增长了 4 倍。

2010 年底，日本共有抽水蓄能电站 45 座（其中百万千瓦级以上抽水蓄能电站 7 座），装机容量合计 2537 万 kW，占总装机容量的 11.13%，是世界范围内抽水蓄能电站装机容量最大、装机比例最高的国家。此外，韩国、西班牙、法国、德国和意大利等国家的抽水蓄能电站装机比例也均接近或者超过 5%，美国抽水蓄能电站装机比例虽然只有 2.2%，但其总装机容量仍处于世界领先水平。至 2015 年，全球抽水蓄能电站的装机容量达到了 18 800 万 kW，此后几年仍稳定攀升。据国际水电协会（IHA）发布的 2021 全球水电报告，截至 2020 年底，全球抽水蓄能装机规模为 1.91 亿 kW，占储能总规模的 94%。另有超过 100 个抽水蓄能项目在建，2 亿 kW 以上的抽水蓄能项目在开展前期工作。

二、国内抽水蓄能行业发展概述

我国油气资源相对匮乏，燃气调峰电站发展不足，抽水蓄能和燃气电站占比仅 6% 左右，其中抽水蓄能占比 1.4%，与发达国家相比仍有较大差距。我国抽水蓄能发展始于 20 世纪 60 年代后期的河北岗南电站，通过广州抽水蓄能电站、北京十三陵抽水蓄能电站和浙江天荒坪抽水蓄能电站的建设运行，夯实了抽水蓄能发展基础。随着我国经济社会的快速发展，抽水蓄能发展加快，项目数量大幅增加，分布区域不断扩展，相继建设了泰安、惠州、白莲河、西龙池、仙居、丰宁、阳江、长龙山、敦化等一批具有世界先进水平的抽水蓄能电站，电站设计、施工、机组设备制造与电站运行水平不断提升。2017 年 12 月，中国抽水蓄能电站装机容量已居世界第一，在运规模 2849 万 kW，在建规模达 3871 万 kW；到 2020 年第一季度，装机规模达 30.29GW。2016—2020 年中国抽水蓄能电站装机规模统计及增长情况如图 1-1 所示。

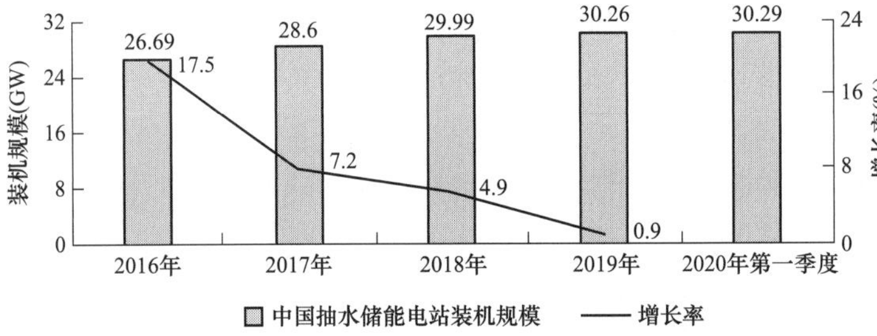

图 1-1　2016—2020 年第一季度中国抽水储能电站装机规模统计及增长情况

目前我国在建抽水蓄能电站总规模为 5513 万 kW，约 60%分布在华东和华北。已建和在建规模均居世界首位，呈现出装机规模显著增长、技术水平显著提高、全产业链体系基本完备等特点。

根据国家能源局发布的《水电“十三五”规划》，到 2020 年底我国抽水储能的累计装机规模达到 38GW。而根据国家能源局最新发布的《抽水蓄能中长期发展规划（2021—2035 年）》，综合考虑各省（区、市）开展的规划需求及系统需求和项目建设条件等因素，本次中长期发展规划提出抽水蓄能储备项目 247 个，总装机规模约为 3.05 亿 kW。到 2025 年，抽水蓄能投产总规模在 6200 万 kW 以上；到 2030 年，投产总规模在 1.2 亿 kW 左右；到 2035 年，形成满足新能源高比例大规模发展需求，技术先进、管理优质、国际竞争力强的抽水蓄能现代化产业，培育形成一批抽水蓄能大型骨干企业。

第二节 抽水蓄能行业绿色生态建设现状

抽水蓄能行业绿色生态建设的发展是基于边坡生态修复技术的日益成熟而开展的。17 世纪 30 年代，日本尝试用草皮、栽树苗治理荒坡，开启了利用植物进行坡面防护的先河。到了 20 世纪 30 年代，植物护坡技术被引入欧洲并快速发展。美国在欧洲的经验上，在 20 世纪 50 年代发明了喷播机，并被广泛运用于边坡植物修复，英国继而发明了液压喷射技术，实现了该领域的机械化。这两项发明在日本得到了进一步的整合推进；20 世纪 70 年代，日本开发出了纤维土绿化工法，标志着绿化修复领域由土质边坡突破至更高难度的岩体边坡绿化，并逐步推出了具有更高抗侵蚀性能的高次团粒 SF 绿化技术❶、表土培养绿化工法和覆盖绿化工方法等。迄今为止，日本在岩石边坡生态修复领域已形成一整套技术系统，即“从种子到树林的再生技术”，除基于喷播的技术外，还有框架护坡绿化技术、植生袋绿化技术、开沟钻孔客土绿化技术等。

我国在 1989 年从香港引进 1 台喷播机，在华南地区进行液压喷播试验，开始了机械化手段的喷播植草技术在坡面植被重建方面的应用，掀开了我国边坡植草方面的新纪元。1991 年，北京林业大学在黄土高原首次进行了喷涂绿化（即液压喷播）试验研究，之后几年开发研制出了各式各样的土工材料产品，如三维植被网、土工格栅、土工网、土工格室、蜂巢格网等，结合植草技术在铁路、公路、水利等工程边坡中陆续获得应用。1997 年以后，针对岩石边坡的植被防护开始进行较为广泛的应用研究，形成多种多样的技术，国内可查的技术就有液压喷播护坡技术、水力喷播护坡技术、客土喷播技术、混喷快速绿化技术、厚层基材喷播技术、混喷植生技术、喷混凝土植草技术、植被混凝土生态防护技术、三维植被网喷播植草技术、乳液喷播建植技术、边坡植生基质生态防护技术、有机基材喷播绿化技术、植生基材喷射技术、高次团粒喷播技术等。其中通过技术鉴定并获得科学进步奖项的为厚层基材喷播技术、植被混凝土生态护坡技术、植生基材喷播技术等，国内的应用也以这几种为主。

边坡生态修复技术的快速进步，有力助推了在抽水蓄能领域的专项生态修复与防护工作的研究和实践。在新时代生态文明的建设背景下，国内也有一些抽水蓄能电站有过一定的尝试，如溧阳抽水蓄能电站在抽水蓄能电站的渣场和边坡复绿建设方面取得了较为成功的经验，十三陵水库将生态建设与景区规划结合在一起，保障了其恢复后景观格局的完整性和生态物质流动，兼具生态恢复和景观营建的成效。但是在抽水蓄能行业日益蓬勃发展的今天，我国抽水蓄能行业在绿化、生态建设实施领域仍然不足。虽然生态防护方案多种多样，但效果参差不齐，很多新型绿色生态建设措施仍然停留在尝试与试验阶段，具有许多共性问题，主要表现如下。

---

❶ “高次团粒 SF 绿化技术”由日本彩光株式会社“土地和绿化研究所”开发研制，工作原理为利用吹付机械将植物种子喷附在沟谷、裸岩等施工地表，种子在团粒保水剂的湿润条件下迅速发芽，形成根系网，加之客土、肥料的支撑，又促进了植物健康生长发育。

（1）筹建期至主体工程施工期，因工程建设周期长、跨度大、标段多，导致绿色生态建设方案缺乏系统性、指导性，导致筹建期、主体工程施工期及运行期生态绿化方案不匹配、不协调。

（2）工程绿化及生态恢复面分布广、面积大、养护困难，大部分绿化及生态恢复部位具有坡陡、岩石裸露、土层浅薄、植生条件差等特点，需覆土、换土或采用新工艺后方可实施。

（3）主体建筑物施工时未能兼顾绿色生态实施效果，工程实施往往以建筑物本身的安全可靠为主，忽视或轻视绿色生态理念。

（4）绿化及生态恢复与工程施工在时间、空间的配合上存在不确定性，不能保证在最佳绿色生态恢复时间内进行，导致建筑物结构设计与绿色生态工程建设不同步。

（5）工程设计涉及建筑物多、范围广、标段多、参与专业多，工程绿色生态建设缺乏相对一致的设计标准，导致绿色生态建设因涉及专业多、各枢纽建设接口衔接复杂而效果不佳。

（6）基建期受设计专业局限性影响，结构设计专业与环保专业不能统筹协调，导致传统挂网喷混凝土等临时防护设计措施与永久绿色生态建设措施冲突。这些问题在建设实施过程中时有发生，轻则导致绿色生态工程建设滞后、实施效果不理想，或者导致工程二次设计、二次施工，重则导致产生诸多无效投资成本增加和环保问题，造成社会不良影响。

（7）目前的绿化生态建设多集中于边坡，在隧道口、桥梁、渣场、料场等抽水蓄能电站典型部位的经验仍然较为零星。

随着国民经济的快速发展，我国已经成为能源生产和消费大国，从目前的实际情况来看，我国对于抽水蓄能电站的利用越来越完善，不仅局限于供能，在防洪、调水等方面发挥的作用也越发突出。但目前专门针对抽水蓄能电站工程扰动区绿色生态恢复与建设的应用研究仍十分缺乏。因此，通过实地调研、查阅资料以及参考相关行业的生态修复经验，开展抽水蓄能电站绿色生态建设研究工作，以期为抽水蓄能电站绿化生态建设提供系统性、导向性以及相对统一的实施意见及标准，对于我国抽水蓄能行业的长久持续绿色生态发展，早日实现“碳中和”“碳达峰”的目标具有重要意义。

第二章

抽水蓄能电站创面分类

第一节　工程扰动区与工程创面

水利水电工程建设过程中形成的受影响的周围环境被称为工程扰动区，并将相应扰动区的裸露土地称为工程创面，集中分布在抽水蓄能电站的主体工程设施建设区域。抽水蓄能电站工程扰动区的工程创面如图 2-1 所示。

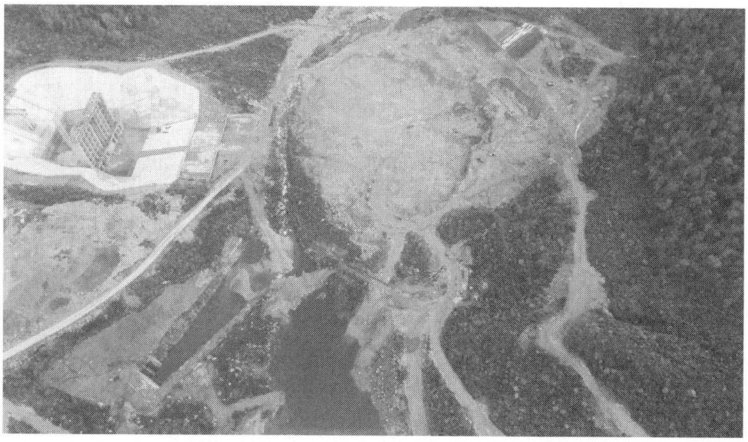

图 2-1　抽水蓄能电站工程扰动区的工程创面

按照分布的位置和形成原因进行划分，可将抽水蓄能电站工程扰动区的工程创面分为四种类型。

（1）剥离的表土和开发弃渣堆积而成的废弃地，如水利水电工程建设过程的弃土弃渣场。

（2）水利水电主体工程建设的开挖区，主要是一些开挖边坡和开挖坑废弃地。

（3）施工作业面、机械设施、辅助建筑物和道路交通等先后占用的土地。

（4）广义的水电站建设扰动区域，包括移民安置区、施工生产生活区以及施工便道等周边土地或因直接影响和扰动而导致的退化土地。抽水蓄能电站绿色生态建设分区分类见表 2-1。

根据水电站的建设特点、主体工程布局、施工工艺、不同场地生态环境背景状况、水土流失的特征、废弃地整治后的发展利用方向和重点等，可对水电站建设扰动区域进行植被恢复与重建。

表 2-1　　抽水蓄能电站绿色生态建设分区分类

分区	细则	创面来源	具体区域
项目建设区	主体工程区	枢纽（构）建筑物、防泄洪设施、导流工程	大坝、库盆、输水系统、泄水建筑物、厂房和开关站、水库淹没区、引水隧道两端及支洞
	弃土渣场区	弃土场、弃渣场	包括弃土场、弃渣场等表土堆置活动区域
	土石料场区	取土场、取石场	包括取土场、取石场、中转料场等表土堆置活动区域
	交通设备区	永久道路、临时道路	（1）永久道路：上下库连接道路、至开关站道路。 （2）临时道路：施工道路、至弃渣场道路、至表土堆存道路
	施工生产生活区	永久场地、临时场地	（1）永久场地：管理用房、业主营地、永久设备库等。 （2）临时场地：承包商营地、施工工厂及仓库、加工系统及施工风、水、电系统等
直接影响区	移民安置区	生活安置区、基础设施建设区	
	工程建设周边	施工道路两旁废弃地、施工生产生活区四周废弃地	

第二节　工程创面的影响

抽水蓄能电站工程扰动区改变了原有地形地貌和原生植被，对景观格局造成了较大的影响及众多安全隐患，成为制约工程建设和可持续发展的重要因素。

一、工程创面对景观格局的影响

大型水利水电工程因建设与生产功能的需要存在大量山体开挖与填埋，彻底改变了工程扰动区的土地利用方式，导致扰动区景观组成与结构、景观过程和功能发生急剧和全面的变化，也深刻改变了该区域景观的物质组成。大型水利水电工程扰动区开发建设之前一般为森林、灌丛、草地或农田、旱地等自然或半自然植被。开发建设后，因电力生产需要，形成了以发电厂、开关站、弃渣场、生活管理区、工程所需的变电站、水厂等长期存在的引入斑块，以及施工开挖和弃土弃渣的堆置所产生的开挖边坡和土料场等临时的扰动斑块。同时，由于工程施工交通道路网络的建立和工程建设用地及附属设施的建立，使得扰动区内部分区域自然组分极度萎缩，原生地貌遭到破坏，原有植被基本消失，残留斑块的类型、数量都十分稀少，所占面积也小，且呈星状分散分布的特点，这使得景观多样性指数和破碎化程度加剧，进一步导致了景观的视觉连通性降低。加之往往缺少合理、综合的规划将少量仅存的绿地进行系统连接，整体景观舒适度也因而大大降低。工程创面影响景观舒适度如图 2-2 所示。

随着主体工程的建设，土地利用方式也随之改变，使得景观功能也由原来的农业生产或林业保护向电力生产、防洪以及生态旅游等功能转变。

图 2-2　工程创面影响景观舒适度

二、工程创面对安全的影响

扰动区形成的工程创面有着更为深远的安全隐患。由于抽水蓄能电站的建设特点，扰动区容易形成高陡边坡。这些高陡边坡不仅不利于植物生长，导致缺乏植物根系的固土保护，更容易受到雨水的冲刷，增加水土流失、诱发滑坡、泥石流及改变库区水位消长节律等一系列生态环境问题，由此影响水利工程的安全运行和区域社会经济的可持续发展。

而景观格局的改变所引起的生态问题值得引起更多的重视。抽水蓄能工程建设形成的大量创面几乎都完全丧失了动植物赖以生存的土壤和环境，原有的生态基质发生了巨大的改变，已经无法靠自我调节恢复。工程扰动占用了大量原本承担自然生态功能的单元类型，如山林、水体、草地和农田，原本连续的自然生境之间的联系通道往往被割断，景观内各要素之间的能量流动、物种流动、物质流动和信息流动大量减少（如图 2-3 所示），大幅度降低了生态系统自我恢复能力，使自然生态过程景观稳定性降低。总之，工程通过宏观和微观的影响，在广大的时空范围内，改变了生态系统所适应的环境，常常表现为生物多样性降低、水源涵养能力下降、水土保持功能降低、水质恶化、气候改变、地质灾害频发等一系列安全问题。

图 2-3　工程创面影响景观斑块构成进而进一步影响物质交流

第三章

抽水蓄能电站绿色生态建设设计思路与内容

第一节　抽水蓄能电站绿色生态建设的设计思路

抽水蓄能电站绿色生态建设需要以保障工程安全、恢复自然植被和生态系统功能、兼顾景观需求、实现可持续发展为目标开展设计思路。不同于其他工程项目，抽水蓄能电站的功能布局相对固定，且不同功能部位的绿化需求有较大差异。本书针对抽水蓄能电站典型部位，结合不同区域气候特征及区域绿色生态建设特点，给出各个部位生态绿化方案典型设计图，确定专项设计要求，按照大坝、料场、渣场、地面建筑物、隧道洞口、道路、地面场站等典型工程部位，进行绿色生态建设层次分析。通过分析各部位的限制性因素、明确绿化目标，从经济、生态、绿色、美观等原则出发，分部位确定合宜的抽水蓄能电站生态绿化建设的理念、方法、工程防护措施及植物绿化方案和品种的选择，为满足电站建设开发与生态保护、促进抽水蓄能电站和谐建设、迅速提升抽水蓄能电站形象面貌和生态环境的提供新举措，具体可按照以下四个步骤开展。

一、“三同时”指导下的预判性规划

在景观层次上开展生态设计已经成为绿色生态建设关注的焦点，但目前在这方面已有的有效工作却不多，目前很多水电工程的绿色生态建设都停留在工程施工后进行相应补救层面，所恢复的景观系统缺乏整体性。事实上很多绿色生态建设应该在水利水电工程的规划初期就应得到确认和处理，而不是在设计完成后再处理扰动区生态恢复问题。在水电站的规划初期即将“绿色生态建设”与“设计”“施工”的“三同时”绿色生态建设策略纳入，将原本广泛认知的“修补创面”事后观念转变成一种以环境保护为优先的预判意识，在保留原生植物、扩大项目影响保护区、合理规划渣料场区位及堆放形式等方面做出切实有效的预判性规划。

二、以保障工程安全为前提的基本防护技术

1. 支护设计

坡体安全稳定是坡面绿化与生态防护的首要原则，也是基础工作。在项目实施开始就应该严格按照技术规范的要求，处理好坡面稳定问题，进行地质勘察、调查，对表层浮石、危石进行彻底的清理；同时对整体缺乏稳定的坡面采用具有较强稳定功能的工程

框格等技术措施进行防护，在保障稳定的基础上，再考虑绿化和植被覆盖的问题。支护措施的选择应考虑下列因素综合确定：

（1）坡面风化作用；

（2）雨水冲刷；

（3）植物生长效果、环境效应；

（4）冻胀、干裂作用；

（5）坡面防渗、防淘刷等需要；

（6）其他需要考虑的因素：临时防护措施应与永久防护措施相结合；地下水和地表水较为丰富的边坡，应将边坡防护结合排水措施进行综合设计。

2. 排水设计

为了避免上游或坡面径流对坡面冲刷以及地下涌水对坡体造成滑坡等不稳定问题，进行坡面绿化和生态防护工程之前，需要对项目区的上游坡面径流汇集排放等问题进行全面调查分析。在进行设计时充分考虑设置完善的排水系统，并且能够满足项目区及上游来水的排水能力。做好边坡排水工程的设计，对边坡的稳定有很重要的作用，在很大程度上还可防止或减轻侵蚀、崩塌等灾害的发生，是坡面绿化和生态防护工程设计的重要组成部分。

3. 废弃地基质改良技术

土壤及其母质是生态系统的基质与生物多样性的载体。因此，恢复过程中如何将废渣或心土所形成的恶劣基质转变成能够使植物生长的土壤是首先要解决的问题。目前，国内外在废弃地土壤及基质改良上采用的方法和技术措施主要包括覆土、添加化学改良剂、添加某些物质（纸、石灰、河泥、淤泥、污泥、粉煤灰等）、施肥以及嫁接根瘤菌等。通过以上一些改良措施，其目的主要是改良废弃地的理化性质，增加土壤肥力；迅速有效地提高废弃地的有机质含量并改变其结构性能；持久地为恢复的植物供肥，从而保证植物的生长，达到防止水土流失和改良土壤的目的；提高废弃地微生物的活性，降解重金属物质的毒性。

三、以生态建设、美化风景为目的的植物绿化

1. 以控制水土流失为目的基础绿化

植物根系对土壤的渗透率的影响有物理作用（产生空隙，分散板结）和生物作用（产生有机质使土壤变得疏松），同时植物根系具有强化土壤抗冲性的作用。植物本身具有的稀疏、通风和紧密的结构可有效降低风速及能量，减少风对土壤带来的侵蚀，降低水土流失，具有明显的水土保持效果。因此在植物选择方面应选择抗性强、耐干旱、耐瘠薄、根系发达的植物；并且其种子最好为易于采摘、储存、发芽的品种类型。根据绿化植物的生长态可分为种子培育和植苗培育技术，种子培育常常借助喷播技术，协同基础防护技术实现水土流失的防控，植苗培育则根据立地条件在坡率、物质组成、绿化目标的差异，采用植生槽穴、坑穴栽植、挂栽植笼等方式进行。受坡面坡率、物质组成的影响，坡面的防护通常采取种子喷播绿化的方式，常见的包括液力喷播、厚层基材喷射护坡技术（Thick-Layer base material spraying，TBS）、客土喷播、有机质喷播、植被混凝土喷播、团粒喷播等，通常与各类工程防护技术结合使用，以满足不同条件下的绿化目标。

2. 在植物配置的过程中兼顾风景美化

首先对项目区及其周边的植物品种和群落组成进行调查，然后根据具体的立地条件，选定与周边植被群落组成相近的植物品种与物种组成，以抗逆性强、根系发达和生态适应性好的乡土化植物品种为主，便于实现群落演替。其次注意植物品种的丰富性及不同植物形态和色彩的合理搭配，能与附近的植被和景观协调，追求艺术化的风景效果。

四、技术模式的选择与组合

项目区内不同部位坡面的稳定程度、坡长、坡率、质地等因子不尽相同，通过现场调研进行立地类型划分，结合不同坡面绿化和生态防护技术的适用范围因地制宜选择对应的工程防护措施和植物绿化措施。同时由于立地条件的复杂综合性，通常需要多种技术模式的组合运用，实施综合防护，在坡面形成综合的防护结构体系。对于土质边坡，目前存在的绿化技术和方法主要有两类：一类单独利用植物，对边坡进行防护绿化，如植物篱笆、植物桩、植树、栽草皮等；另一类和护坡建筑物或土工材料配合对边坡进行防护和绿化，如绿化墙（包括栅墙）、框格绿化法、植生带（毯）绿化法、土工网（袋、一维或三维）绿化法、阶梯墙绿化法、带孔砖等。对于岩石边坡，目前选择采用的绿化技术主要有客土植生带绿化技术、纤维绿化技术、框格客土绿化技术、植被喷播技术、植被混凝土护坡绿化技术等。

第二节　抽水蓄能电站绿色生态建设的设计原则

抽水蓄能电站绿色生态建设的目的是在保证结构安全稳定的前提下，以“预防为主，全面规划，综合防治，因地制宜”为方针，坚持“绿色生态建设”与“设计”“施工”的“三同时”；营建生态系统，最大限度地保护、恢复、改善生态环境，实现工程建设与生态环境的良性循环，需要遵循以下原则：

一、安全稳定，因地制宜

“安全稳定，因地制宜”为抽水蓄能电站绿化与生态防护设计必须遵循的首要原则。大型水利水电工程在进行绿色生态恢复和重建过程中，应构建以电力安全生产为基本目标，水电生产规律和水利功能相符合的生态系统，要求地表稳固，杜绝地质灾害和滑坡。因此，需要根据现场勘察的结果，进行工程的稳定性分析，对于稳定性欠缺的情况，采取有效的工程防护措施进行稳定加固。

二、生态优先，适地适树

在保障结构稳定的基础上，需优先选用植物护坡与工程护坡有机结合的方式，利用植物根系稳固，建立既稳固又有良好生态效应的坡面综合防护体系，植物的选择需遵循适地适树，展现生态优先的原则，选择根系发达、固土能力强的乡土物种；植物配置充分利用生态位、种间关系、生物多样性、群落演替等的理论，保护、恢复和改善建设区生态环境，营建和谐融洽的坡面生态系统。

三、经济适用，景观兼顾

除了提高植被覆盖率目标，在保证坡体稳定的前提下，兼顾景观效果。以多品种植物结合取得综合绿化的景观效果。合理选择植物主景，将乔木、灌木、地、被合理配置，形成立体结构，并且利用植物枝叶隐蔽遮盖构筑物，突出植被景观。抽水蓄能电站扰动区的景观恢复和改造应符合生产、生活和生态功能相协调，并与周围环境相统一的原则。统筹安排整个项目区的设计和实施，构建与工程地面建筑、生产力布局相协调的景观特征，形成良好的复合景观。以周围环境的背景来选择重建的景观类型，并科学布局，坚持在开发中保护，在保护中开发，既要有减少水土流失、增加生物多样性、调节小气候、传承民族文化等多重功能，又要能满足人们休闲、生活等方面的要求，要把上述功能有机地融合起来。形成与周围环境衔接协调的整体性的景观系统，提高扰动区景观的稳定性和自我调节能力，达到事半功倍的效果。同时增加景观多样性，为工程旅游营造良好环境，使其兼有旅游和生态等功能。

坡面绿化与生态防护在保证安全稳定和生态治理的情况下，还需做到经济适用，在选择坡面绿化和生态防护的技术模式时，要做到因地制宜，技术措施本土化，加强技术措施的组合、创新，实现经济效益、社会效益与环境效益的统一。

第三节　抽水蓄能电站绿色生态建设的设计内容与程序

一、设计内容

生态绿化建设的设计内容包括基础生态防护工程技术、植被建植工程和养护管理工程三个技术环节。

基础生态防护工程技术主要是通过采取土木工程措施，稳定和改善植物生长的基础条件，为植物生长发育创造适宜的生长基质和生境，如不稳定边坡加固处理工程、挡土工程、弃渣处理工程、水处理工程等。

植被建植工程是在整理好的地基上培育培植植物群落方法的总称。最终形成稳定的植物群落，有栽植、铺植、播种、喷播、植被诱导等多种作业方式。

养护管理工程由培育管理、维持管理和保护管理三部分组成。维护管理技术的主要作用如下。

（1）促进引种的植物尽快地向确定的目标群落方向演替，促进自然环境的早期恢复。

（2）使植物群落的多种功能持续、有效地发挥。

（3）采取保护措施，使植物免受外界的侵害。

二、设计程序

（一）设计基础工作

通过立地条件调查对限制性因子进行分析，并筛选出生态防护和坡面绿化的限制条件因子。主要包括以下三个方面。

（1）水利水电工程概况。包括工程的类型、范围、规模、建筑物分布、交通分布等，其中要重点分析工程的扰动特征，调查表式见附录 A。

（2）立地类型是由气候、地貌、土壤、植被等多种因素组成的，是一个统一的整体，调查表式见附录 B。包括以下内容。

1）植被调查：项目区的植被类型、乡土物种、主要群落类型、林草植被覆盖率、生长状况等。

2）气候气象：项目区气候类型、多年平均气温、极端气候、最大冻土深度、多年平均降水量、降水量年内分配、多年平均风速、主导风向等。

3）水文资料：项目区及周边区域的水系情况，地表水状况，河流平均含沙量、径流模数、洪水（水位、水量）与建设场地的关系。

4）地质勘察：主要确认坡体的稳定性，有无不良工程地质情况。

5）土壤质地：土壤种类、质地、厚度、抗蚀性、机械组成、肥力情况等。

6）地形地貌：地形、地貌种类、坡率、坡长、海拔、走向等。

（3）社会经济状况。包括区域经济的发展现状与发展规划、区域的文化特征。一般采用野外调查、图形图片资料分析相结合的方法。调查结果可综合成一系列的图片、图纸进行表达，包括工程平面图、景观特征图、交通分布图等。

（二）图纸设计工作

1. 设计前期阶段

（1）需要完成相关设计基础工作，进行现场情况分析和限制性因子确定、编制设计说明。

（2）根据立地条件，划分不同的立地条件类型。

（3）针对不同立地类型，选择对应技术模式，进行方案比选，并落实推荐方案的技术模式典型设计图。

（4）确定植物选取方向、范围。

（5）预判绿化与生态防护效果，绘制效果图。

（6）结合工程措施布局，进行工程投资估算。

2. 初步设计阶段

（1）初步设计中应该包含设计文字说明、设计工程量和投资、设计图纸等相关内容。

（2）根据立地类型划分及选取的对应坡面绿化和生态防护技术模式，进行总体布局图绘制。

（3）形成平面设计图，并绘制侧视图、正视图。

（4）竖向设计图纸应包括地形设计、土方设计和必要的详图。

（5）对典型的技术模式进行细部设计。

（6）确定选择的植物品种、规格，平面布置。

（7）对植物的种植技术有特殊要求的需要进行种植工艺设计。

（8）绘制坡面绿化与生态防护效果图。

（9）统计设计工程量，进行工程投资概算。

3. 施工图阶段

（1）在典型设计的基础上，针对每一个工程措施实施点进行微细部调整，使其与立地条件吻合。

（2）编制施工组织设计与施工方案。

（3）根据设计概算、工程定额和现场施工条件、采取的施工方法等编制施工预算。现场勘察和资料分析整合，确立项目阶段实施目标，使项目区能够在短期内形成一定的绿化效果，最终能够形成目标群落体系。

（三）施工组织管理

根据设计图纸组织施工。由于坡面绿化和生态防护工程在坡面施工的特殊性，以及工程与生物措施相结合的综合性，施工组织管理具有一定的特点，既不能完全按照工程建设施工实施，也不能完全等同普通绿化工程实施，需要制定统筹兼顾、综合系统的施工组织方案。

1. 施工季节与进度安排

对绿化和生态防护工程措施和植物措施的工程进度安排要科学合理，一般工程措施施工工期相对较长，要有充分的估计；植物措施要注意掌握植物生长的季节性。对于工期有条件的工程，可以将工程措施的施工安排在第一年的秋季前完成，于第二年的春季实施植物措施。注意雨季植被和坡面的保护，并且提高入冬前苗木基本木质化，保证安全越冬。尽量不选择在雨季施工，避免造成滑坡等危险。

2. 施工保护

施工中尽可能降低由于施工对周边环境带来的破坏性影响，做好施工保护。对现有植被，在不影响工程措施发挥功效和不影响施工工序正常进行的情况下，尽量维持其原貌。做好施工道路的设计和规划，明确施工用水、施工用电方案。

施工用土要提前准备，尽量用工程建设施工的剥离表土。当不可避免需要异地客土时，需要办理相关手续，避免对其他区域的环境造成新的破坏。

（四）后期管护工程

抽水蓄能电站的生态恢复与重建是长期的。很多实例均表明，一些植被恢复项目在短期内能取得较好的效果，但其后却常常出现退化现象。其原因一是工程恢复项目规模太小，难以充分发挥景观生态过程的作用，在扰动区周围环境影响下，常受到外来物种的干扰，植被的稳定性较低，且难以按照所设计的恢复目标演替；二是缺乏监测和管理。植被的恢复一般是先通过引入先锋物种作为群落恢复的驱动物种，改善小环境，其后逐步引入其他物种，增加群落的稳定性和物种多样性，因此，后期监测管护十分重要。施工结束后，需要根据不同的植物群落类型进行相应的管护工程。根据设计目标和实际演替进程，适时地进行调整，开展植物缺陷维护、基质维护、灌溉、修剪、病虫害防治等工作，促进恢复进程。

第四节 小　　结

综上，抽水蓄能电站绿色生态建设开展需以充分的基础调研为前提，明确项目地的立地条件及典型部位的限制性因素，以安全稳定、生态优先、经济适用、景观兼顾为原则，制定合理的布局规划，继而选择适宜的工程防护措施和植物绿化措施组合，组织开展施工及后续养护工作。抽水蓄能电站典型部位绿色生态建设技术路线如图 3-1 所示。

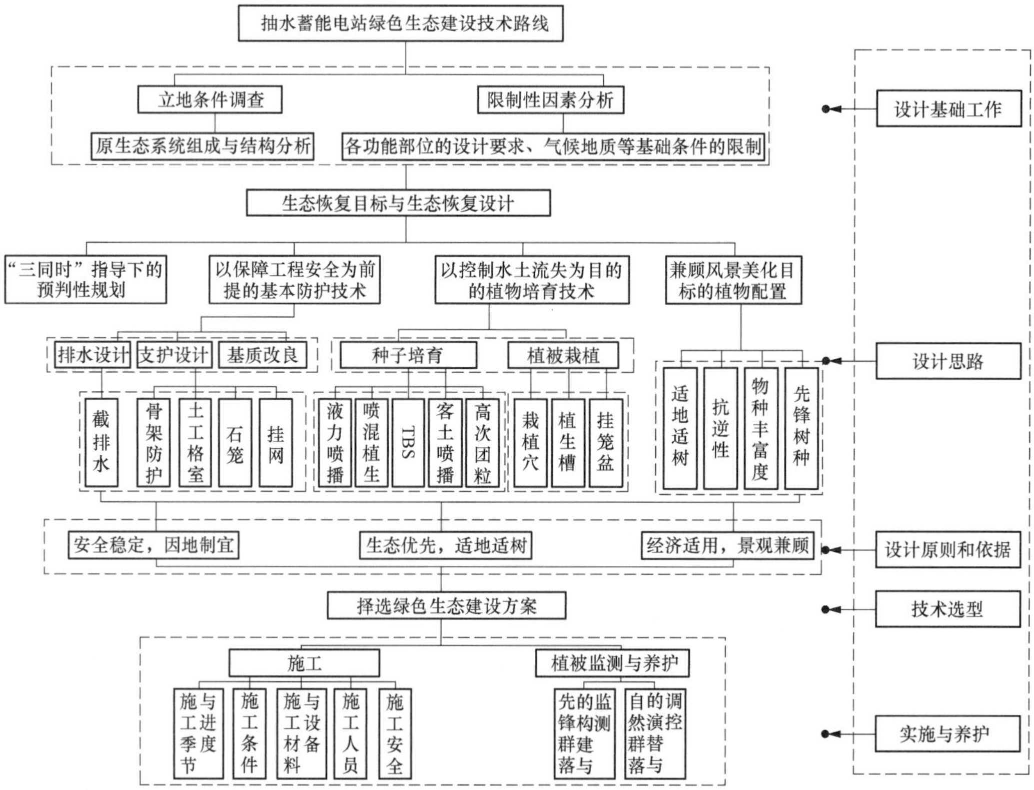

图 3-1　抽水蓄能电站典型部位绿色生态建设技术路线图

第四章

常用绿色生态防护技术应用

抽水蓄能电站绿色生态防护技术的关键是构建适合植被生长演替所需的生境。它往往需要借助一定的基础技术手段，在保障主体工程安全的前提下为植物播种或栽植提供所需的土壤。抽水蓄能电站工程创面地质复杂，植物往往不能直接播种或栽植成活，因此还需要涉及与植物培育相关的基础技术。

第一节　基础生态防护技术

一、三维植被网技术

三维植被网又名三维土工网垫，是一种三维网状结构高分子合成材料，具有吸热保温的作用，可以保护土地表面免遭风雨的侵蚀，同时在播种初期稳固草籽，促进种子发芽，植物生长起来后组成的复合保护层可经受高水位、大流速的雨水冲刷。可代替混凝土、沥青、块石等坡面材料，用于公路、铁路、河道的护坡。三维植被网适用于坡率小于1∶1.4的土质缓坡或斜坡，技术要点如下。

(1) 边坡平整：在路基土方已经完工并经监理工程师验收后，放出路基边坡坡脚桩。直线路段基边桩及坡脚桩每隔20cm打桩，进入曲线段加密到5～10m，以保证路基边坡线平滑顺直。

(2) 开挖沟槽：在坡顶及坡脚处，按照施工图纸设计尺寸，人工开挖预埋植被网的沟槽，并平整，注意开挖沟槽和刷坡一次不要过长，防止雨水、风沙等作用，破坏路基边坡坡面。

(3) 覆网：先将网置于坡顶沟槽内，然后从坡顶到坡脚依次进行。网面与坡面贴附紧密，防止悬空，使网保持平整，不产生皱褶。网块之间要重叠搭接，搭接部分应在10cm左右。

(4) 固定：覆网后按照一定的密度和方式，采用竹钉（长25cm）或R型钢筋（长25cm）打入边坡进行固定；将植被网预埋在沟槽中，再回填土夯实。

(5) 覆土：在三维植被网固定好以后，在网上覆一薄层土进入网包（可以用木条刮入），要求土壤细碎、肥沃、pH值适中。

三维植被网施工图示如图 4-1 所示。

图 4-1　三维植被网施工图示

二、土工网/镀锌网

土工网/镀锌网属于特殊工艺生产的三维立体网，具有加固边坡、防止冲刷、保持土壤以利草籽发芽、生长的作用。土工网植草护坡为一项集坡面加固和植物防护于一体的复合型边坡植物防护措施，能承受 4m/s 以上流速的水流冲刷，在一定条件下可替代浆（干）砌片石护坡，技术要点如下：

（1）土工网适用坡率小于 1∶1.75 的土质平滑的缓坡。凸凹不平硬质土边坡可采用镀锌或过塑铁丝网。

（2）施工之前，应按设计要求平整坡面，并采用人工修坡，清除坡面浮石、危石。

（3）铺设时，应将剪裁好的土工网或镀锌网或过塑铁丝网垫整理成卷，从上而下顺坡铺设，并保证网垫与坡面之间密切接触。

（4）为确保网垫不沿坡面滑动，应在网垫两头开挖布设沟槽，并保证足够的反压量；网垫在沟槽内的埋深应大于 0.4m，并充分压实。

（5）相邻网垫之间应有不小于 5cm 的搭接长度，在网垫上按约 1.5m 的间距采用 U 形销钉固定在相应的坡面上。

（6）根据边坡坡率的不同应采用不同单元组合形式。连接时，将未展开的土工网组件并齐，对准相应的连接塑件，插入特制圆销，然后展开。

（7）应在坡面上按设计的锚杆位置放样，采用 $\phi38\sim\phi42$ 钻杆进行钻孔，按要求进行冲孔，并在钻孔内灌注 30 号砂浆；根据岩石坡面破碎状况，锚杆长度一般在 200～300cm。

（8）锚杆应按设计要求弯制，并除锈、涂防锈油漆，悬在坡面外的锚杆应套内径为 $\phi25$ 的聚乙烯软塑料管，管内所有的空间应用油脂充填，但不应密封。

（9）铺设时，应先在坡顶用固定钉或锚杆进行固定，然后用同样方法固定坡脚。镀锌网植草示意如图 4-2 所示。

三、土工格室

土工格室是由强化的 HDPE 片材料，经高强力焊接而形成的一种三维网状格室结构，实施时将土工格室固定在缺少植物生长土壤条件和表层稳定性差的坡面土，然后往格室内填充种植土，撒播适宜混合灌草种实现坡面绿化。格室规格有多种形式，根据坡面的立地条件选择，常见尺寸为 4m×5m，格宽深 15cm，宽 6cm。技术要点如下：

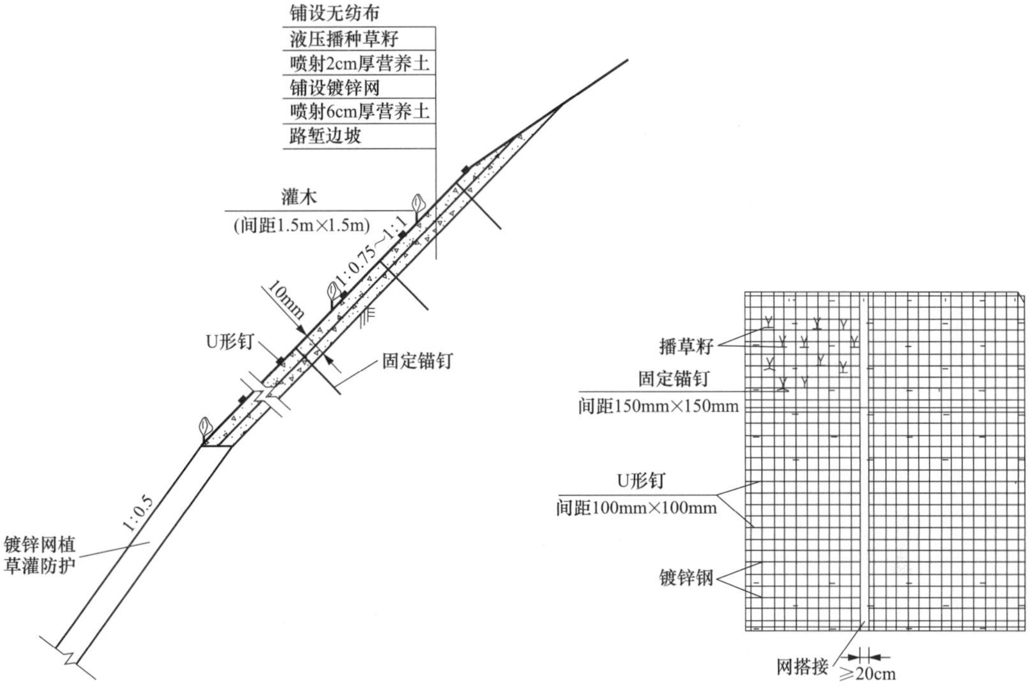

(a) 横断面图　　(b) 立面图

图 4-2　镀锌网植草示意图

土工格室结构大样图如图 4-3 所示。

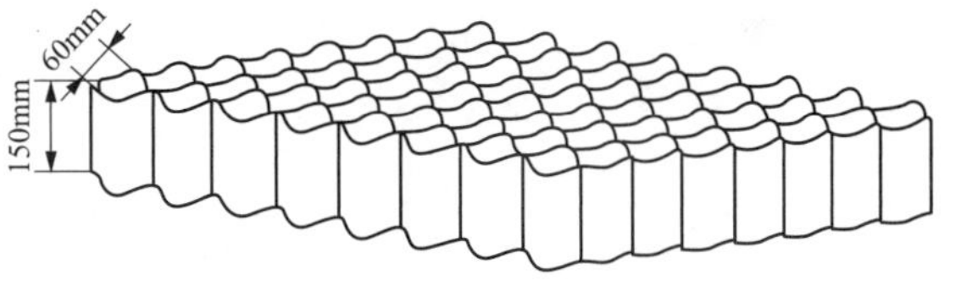

图 4-3　土工格室结构大样图

(1) 适用于坡率小于 1∶0.5 岩质、土石混合、土质的稳定挖填边坡。

(2) 按设计要求平整坡面，对凹凸不平的坡面进行人工修整，并清除坡面浮石、杂草、树根等。

(3) 对影响坡面的上游及周边来水通过设置完善的截水、排水系统进行有序疏导。铺装格室的边坡应设主排水沟系：相邻两条沟之间保持 4m 的距离，排水沟与公路边沟相连通，使路面积水顺边沟流入排水道，进入公路边缘，以免路面积水，防止冲刷格室护坡。

(4) 铺设时先在坡顶固定，再按设计要求展开，注意各土工格室单元之间连接、土工格室与坡面之间固定处理。格室应以主受力方向，由上向下铺设，使格室片材垂直于公路路基，不可横向铺设。土工格室典型施工设计图如图 4-4 所示。

(5) 格室张拉开并铆紧后以格室高度的 1.2 倍为佳填充石头、草皮或含草籽的泥土，并拍打结实，考虑后期坡面景观效果可选择 2～3 年生的花灌木按设计要求自然式栽植于坡面。

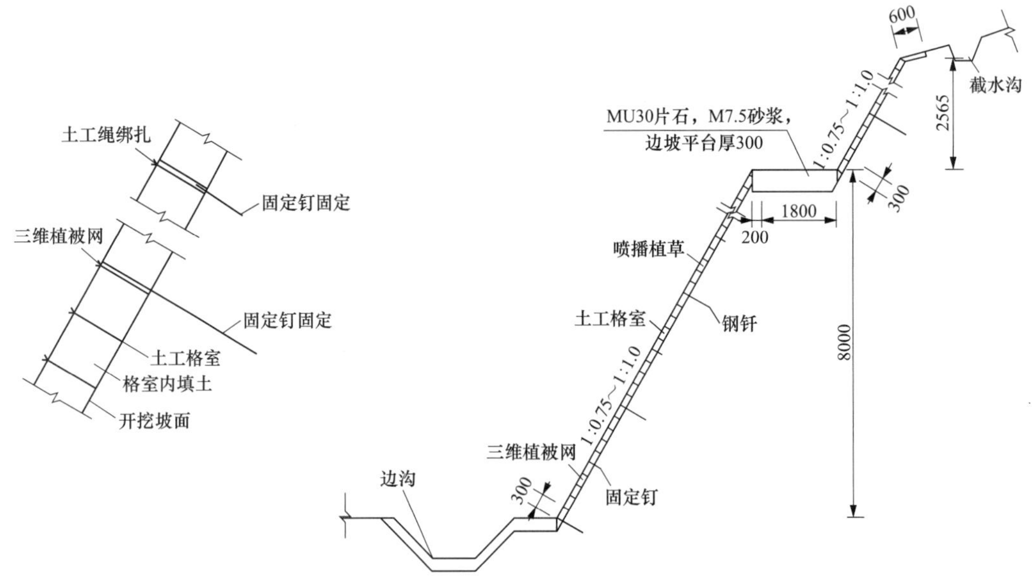

图 4-4　土工格室典型施工设计图（单位：mm）

图 4-5　土工格室施工现场图

（6）施工完成后，应做好复检工作，对张拉不充分或顶铆桩不结实的应及时返工。

（7）施工结束后，可在表层覆盖无纺布、稻草、麦秸和草帘等材料，防止坡面径流冲刷，保持表层湿润，促进植物发芽。初期人工养护浇水应避免直接对土工格室中回填土壤的冲刷。土工格室施工现场图如图 4-5 所示。

四、框格防护

框格防护通常包括骨架防护和格构梁防护。骨架防护指使用混凝土砌块、浆砌（块）片、干砌（块）片石、卵（砾）石等形成的框架式构筑物，框架中间植草防护，常应用于公路、铁路路基边坡，防止路基边坡溜坍。格构梁防护通常利用现浇钢筋混凝土或预应力混凝土形成框架式构筑物，并用锚杆或锚索加以固定的一种边坡加固技术。框格防护主要形式包括方格形（如图 4-6 所示）、菱形（如图 4-7 所示）、拱形（如图 4-8 所示）、正方形（如图 4-9 所示）六边形（如图 4-10 所示）等，有排水需要的需设计成截水沟形，如人字形、方格形截水骨架（如图 4-11 所示）。主要技术要点如下：

（1）骨架材料使用浆砌片石或水泥混凝土预制块时，混凝土强度不低于 C20，砂浆强度不低于 M7.5，石料强度不低于 MU30。

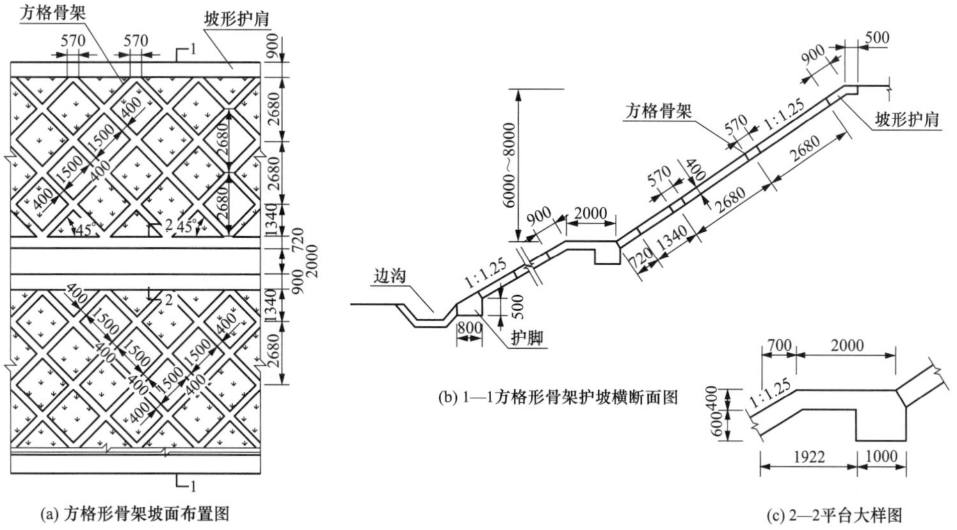

图 4-6 方格形骨架植物护坡示意图（单位：mm）

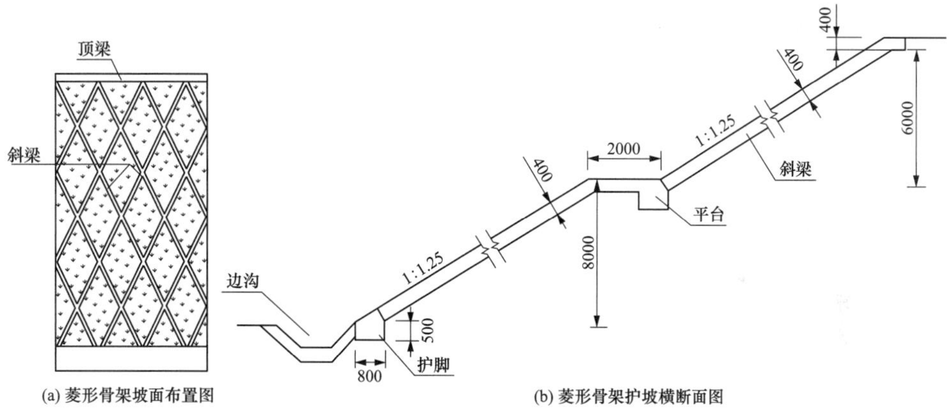

图 4-7 菱形骨架护坡示意图（单位：mm）

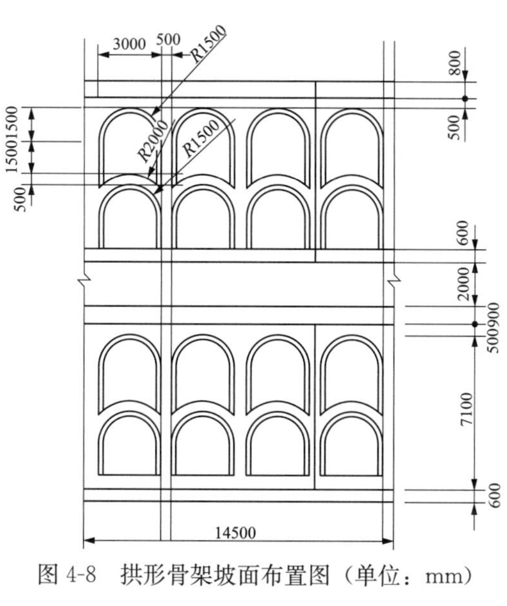

图 4-8 拱形骨架坡面布置图（单位：mm）

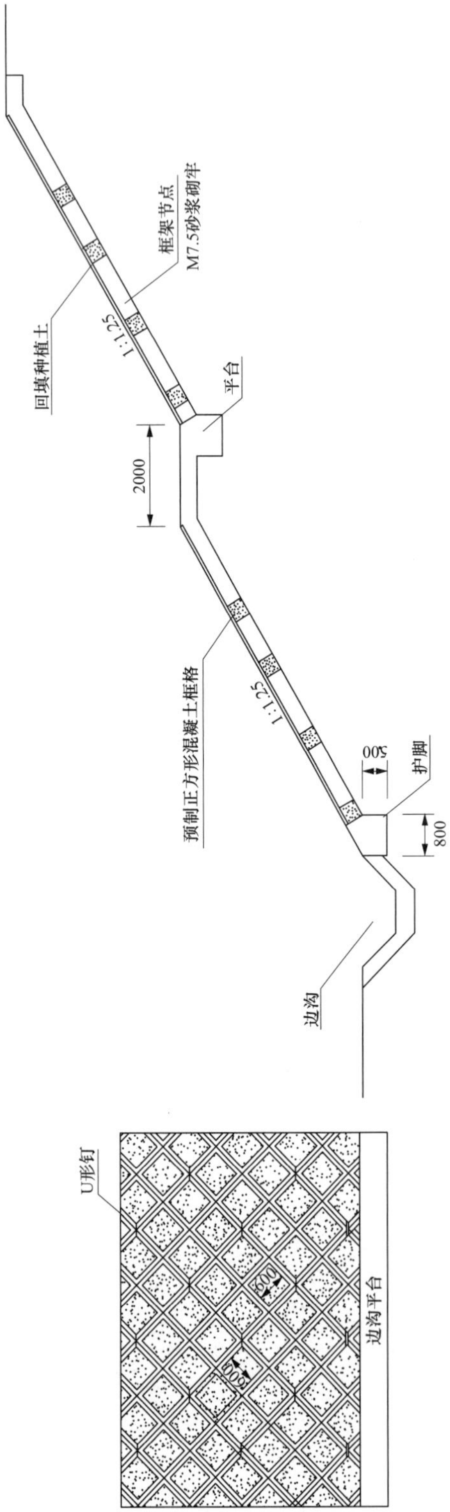

图 4-9　正方形骨架植物护坡示意图(单位:mm)

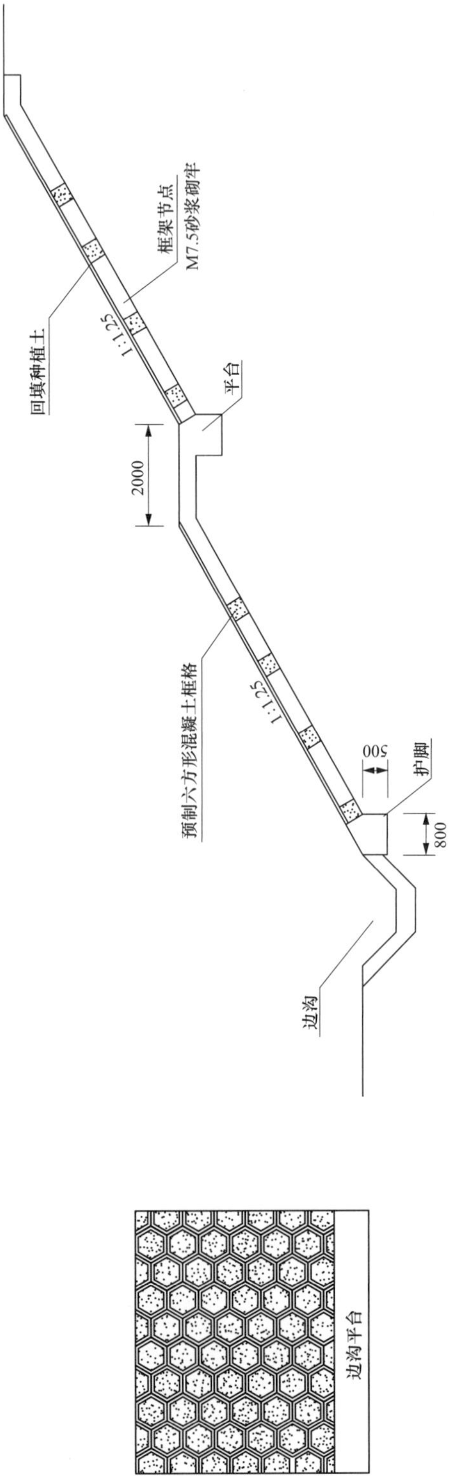

图 4-10　六边形骨架植物护坡示意图(单位:mm)

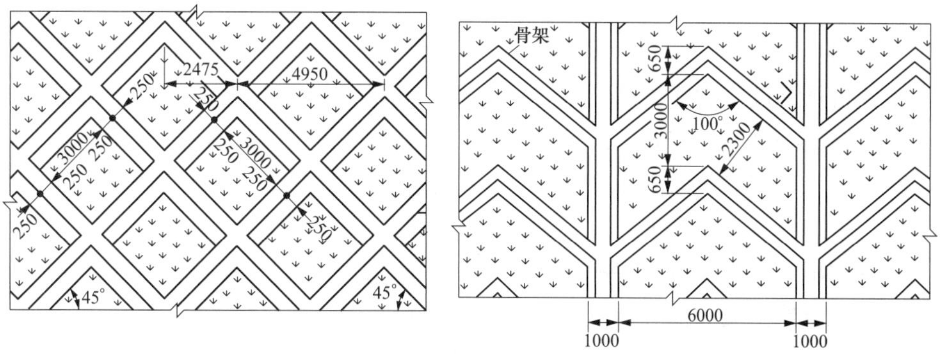

(a) 方格形截水骨架坡面布置图　　(b) 人字形截水骨架坡面布置图

图 4-11　截水骨架坡面示意图（单位：mm）

（2）采用水泥砂浆就地砌筑片石，砌筑骨架时应先砌筑骨架衔接处，再砌筑其他部分骨架，两骨架衔接处应保持在同一高度；施工时应保证砌筑骨架紧贴边坡，流水面与草皮表面平顺。

（3）骨架如采用水泥混凝土材料，水泥混凝土预制块方格相邻边应相互垂直，并与水平线成 45°角。

（4）每隔 10～20m 设伸缩缝一道，缝宽为 20mm，缝内用沥青麻筋满缝隙填塞，护坡高度超过 8.0m 时，两级护坡之间需设置 1.5～2.0m 宽的分级平台。

（5）拱形骨架植物护坡必须在路基稳定沉实后砌筑，砌筑前必须将坡面整平、拍实，不得有凹凸现象。

（6）预制正方形混凝土框格常用尺寸：内框边长为 550mm，外框边长为 650mm，框格宽为 50mm，高为 150mm。

（7）骨架砌好后，如路基土不适合于植物生长，则应在骨架网格内填充改良客土，充填时要使用振动板使之密实，靠近表面时用潮湿的黏土回填。

（8）骨架网格内材料可以选用种草或其他符合防护措施，空心预制块内需先填充种植土，喷播植草。草种应根据气候区进行划分、选型，要具有优良的抗逆性，并采用两种以上的草种进行混播。

五、石砌护坡

石砌护坡是将石材按内外搭砌、上下错缝方式砌筑，形成防护的工艺，常用作路基工程中挡土墙或道路护坡，主要包括干砌片（块）和浆砌片（块）石（如图 4-12 所示），主要技术要点

图 4-12　干砌片石与浆砌片石施工实景照

如下：

（1）石料应是未风化的坚固岩石，表面无污垢、水锈等杂质，其密度应大于 $25kN/m^3$，抗压强度应大于 60MPa。片石强度不低于 MU30，砌筑砂浆强度不应低于 M7.5，最大粒径不大于 2.5mm。

（2）单个片石石料厚度不小于 15cm，镶面材料应选择尺寸稍大并具有较平整表面的石料，在角隅处应使用较大石料，大致粗凿方正。

（3）石砌护坡厚度应该大于或等于 300mm。铺砌层的地面应设置 0.10～0.15m 厚的碎石或砂砾垫层，冰冻地区应根据最大冻深计算确定垫层厚度。

（4）石砌护坡每隔 10～15m，应设置一道伸缩缝，缝宽为 20mm，缝内填塞沥青麻筋或沥青木板等材料，塞入深度不小于 150mm，每条伸缩缝必须上、下贯通，在基底土质有变化或护坡残形变化时，还应增加伸缩缝。

（5）片石在铺砌前，先按设计要求进行表面防渗防水处理。浆砌片石护坡最下面一排泄水孔距地面高度不小于 300mm，泄水孔间距为 2m，采用 100mm×100mm 的方孔，上、下、左、右呈梅花形交错布置，在泄水孔进口处应设置反滤层，反滤层后设置级配碎石对，在最下面的泄水孔下部应设置隔水层，阻止积水渗入基底。反滤层使用土工布，土工布尺寸为 500mm×500mm。

（6）当浆砌片石护坡面积较大时，为增强护坡的稳定性，可采用肋式护坡。一般采用里肋式或柱肋式。里肋式用于土质和风化状态的岩石护坡；柱肋式除用于土质和风化状态的岩石护坡外，还可用于风化严重的软质岩石护坡（如图 4-13 所示）。

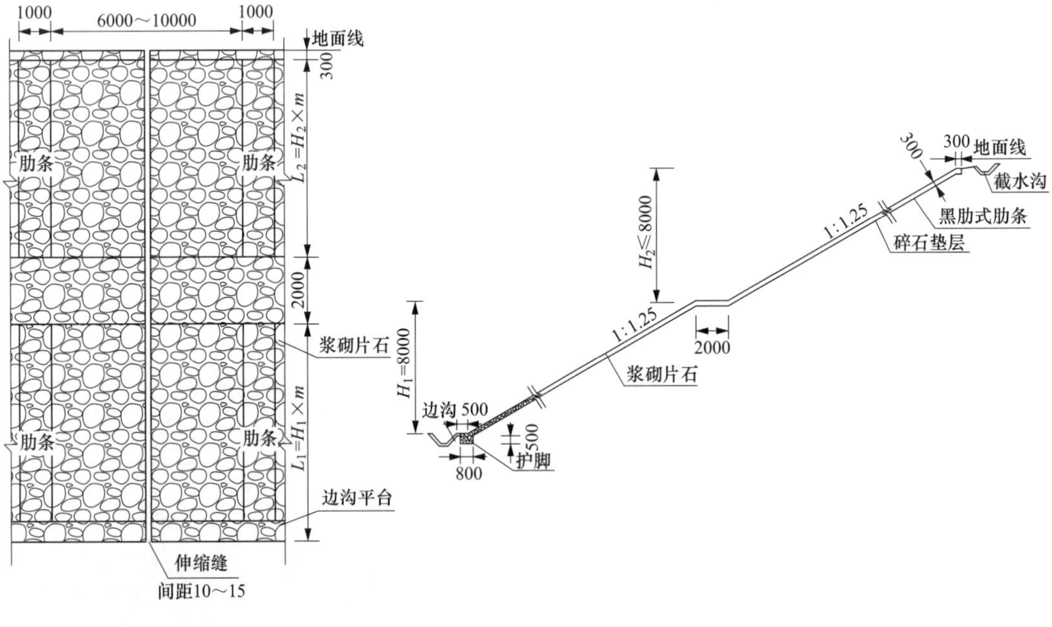

(a) 浆砌片石坡面布置图　　(b) 浆砌片石护坡横断面

图 4-13　浆砌片石坡面典型结构图（单位：mm）

（7）所有石料应分层砌筑，当分段施工时，相邻段砌筑高度不大于1.2m，砌筑的平缝应相互错开、嵌接牢固，护坡面平顺。

（8）干砌片石护坡勾缝应于路堤沉降基本稳定后进行，勾缝前应将松动和变形处修整平齐、完好。

六、石笼工程

石笼工程（如图4-14所示）适用于坡率小于1∶1.75，坡体渗水或涌水出现较多的缓坡坡面，常作为边坡支护、基坑支护、山体岩面挂网喷浆、边坡植生（绿化）、铁路高速公路隔离护拦网等，技术要点如下：

（1）根据设计图，清除地表杂草，松软土体，并平整坡面。

（2）根据设计图进行组装定形，在整理好的土坡上或开挖好的基坑上铺设，铺成护坡或砌垒成箱笼挡土墙，灌进填充石块和少量土壤，最后加上盖网；所有作为石笼填筑材料的石材必须质地坚硬，抗压强度大于30MPa，表面洁净，有圆角，耐久且抗风化性强，直径应在150～250mm之间，根据需要允许有5%的浮动范围。

（3）使用镀锌铁丝线，外层包裹PVC防护材料，并应符合下列要求：

1）镀锌铁丝线的直径应大于2.7mm，外层应包裹厚度大于0.5mm的PVC防护材料，外径尺寸大于3.7mm。

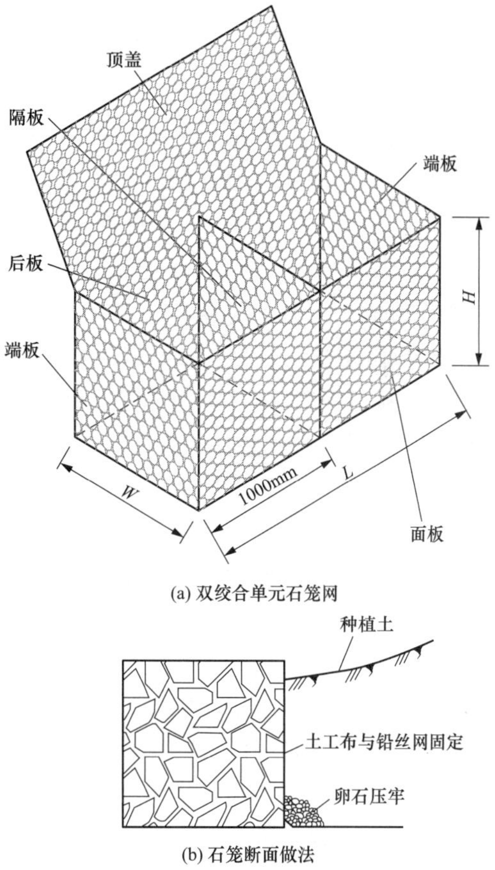

图4-14　石笼详图做法

2）骨架框线筋应使用内径大于3.0mm、外皮包裹0.5mm厚度PVC防护材料的铁丝线。

3）捆绑各石笼的铁丝连接线的要求和石笼网线一致；石笼网网孔线和捆绑线均应具有至少372～470MPa的抗拉强度，石笼网线应具有较好的延伸率，其延伸率不小于12%。

4）PVC保护层厚度在0.5mm以上，抗拉强度至少达到20MPa，延伸率不小于180%。

（4）填充石块时，应在其孔隙间人工铺设土层，为植被创造生存条件，并应符合下列要求：

1）可适当填充小于150mm的填料以满足充填孔隙的需要，但该规格填料不得超过石笼总填料的 5%。

2）在某单元工程的同一水平层施工时，应将网笼全部就位后开始填充石料。

3）相邻两个网笼间的填石高差不得大于 25cm，以防止网笼变形，填筑石料需人工完成，手工轻放，避免镀锌包裹层的损伤。

4）在网笼内填充石料时，需用人工填码平整，并且外露面应用粒径大于 150cm 的石料作为填料，不得使用小于网孔直径的石料；石笼填筑完成后，应保证超填 2～3cm 高，为沉降留有余地。

5）石笼填充达 25cm 高时，应在石笼的中部各 1/3 位置处加设加强筋，加强筋使用与连接线同样的铁丝线，每隔约 25cm 高度设置 2 道加强筋，加强筋必须穿过至少两个网眼，在两个边缘应使用 45°的斜交加强筋。

（5）石笼修筑完成后，应在石笼上撒布细粒的腐殖土，腐殖土应填充石笼的外露孔隙并均匀铺放于错台台阶上。

七、封面防护

封面防护包括抹面、捶面、喷浆、喷射混凝土等防护形式，其中抹面防护适用于易风化的软质岩石挖方边坡，表面比较完整，尚无剥落；捶面防护适用于易受雨水冲刷的土质边坡和易风化的岩石边坡。

第二节　植被建植技术——植被播种培育技术

水利水电工程中植被播种主要采用喷播技术实现工程创面的生态治理，具有速度快、不易施工的陡坡上也能播种，坡上输送成本低，喷播基材能够有效保护种子并与土壤良好接触，确保种子的发芽率和成活率等诸多优点。现应用较广的主要喷播技术包括液力喷播、客土喷播、喷混植生、高次团粒喷播、TBS 等。

一、常见喷播技术介绍及其应用

1. 液力喷播

液力喷播（如图 4-15 所示）是将经过催芽处理后的种子加入过筛的腐殖土、草纤维、黏合剂、保水剂、缓释复合肥等搅拌均匀后，均匀喷射到边坡表面上，喷射厚度为 2～3cm，技术要点如下：

（1）适用于坡率缓于 1∶1.5～1∶2.0 且降水量小于 800mm 的土质、土石混合边坡，当坡率超过 1∶1.25 时应结合其他方法使用。

（2）当坡长超过 10m 时，需要进行分级处理；采用人工或机械，清除坡面所有的岩石、碎泥块、植物、垃圾，对土质条件差、不利于草种生长的坡面采用回填改良客土，并浇水润湿让坡面自然沉降至稳定。

（3）喷播施工作业顺序应从上至下，施工结束后，可在表层覆盖无纺布、稻草、麦秸、草帘等材料，防止坡面径流冲刷，保持表层湿润，促进植物种子发芽。

（4）喷播材料应配置合理的比例，并且浓度适宜，避免产生坡面侵蚀；根据实施区域，选择根系发达、深根性、抗性强的植物品种进行合理组合，尤其注意乡土植物的使用，保证目标群落的实现。

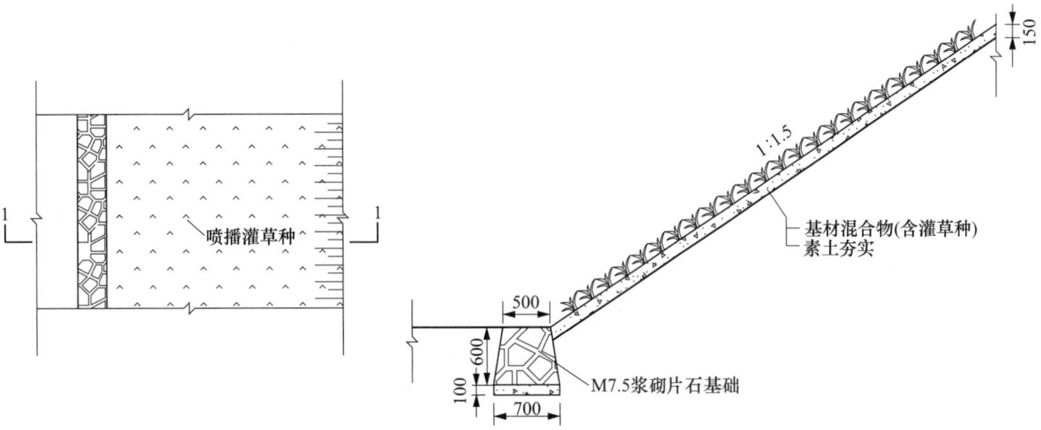

(a) 地面绿化布置图　　(b) 地面绿化横断面图

图 4-15　液力喷播地面绿化防护技术设计（单位：mm）

2. 客土喷播

客土喷播主要适用于坡率在 1∶1.0 以下的各种类型边坡，喷播适宜厚度为 50～120mm，风化岩质坡面或坡率超过 1∶1.0 时，需结合挂网、混凝土格构等防护措施使用，主要技术要点如下：

（1）应将土壤为主的植被基材，用泵或液压喷播机将其喷射在坡面上，形成一层 1～4cm 厚的膜状结构，并应符合以下要求：

1）土壤采用过筛细土，且含有在 1～2 年间抗蚀性强的材料。

2）喷播混合物主要含壤土、草炭、纤维材料、复合肥、合成树脂、先锋乔灌木和草本的种子。

（2）在风化岩边坡，客土种子喷播技术需铺设三维网，应满足下列要求：

挂网用锚杆包括主锚杆和辅助锚杆，锚杆用量、长度根据坡面实际情况做调整，锚杆固定时，应使网贴紧坡面，避免出现空网包。

1）在坡顶及三维网搭接处用主锚钉（ϕ6 的 U 形钢钉）固定，其中坡顶布置一行，锚钉纵向间距约为 50cm；坡面三维网搭接处布置一行，锚钉间距约为 100cm；在坡其余位置按约 100cm×100cm 的规格布置铺锚钉；对个别不平顺的坡面应增设锚钉，以保证三维网紧贴坡面。

2）客土喷播施工中锚杆和网片之间使用扎丝固定，网片与坡面距离约为设计喷播总厚度的 1/2。

3）客土喷播时应采取双层喷附方式，下层为基材底层，上层为植物种子层。底层喷播完成后 3 天内完成种子层喷播；喷播种子层前拌料最好现拌现用，根据温度和土壤湿润状况准备合适子料。

3. 喷混植生

喷混植生护坡技术由液压喷播技术演化而来，属于人工复合生态基材，其固体部分由植生土、水泥、腐殖质和植被混凝土绿化添加剂混合而成，适用于坡率小于1∶1且绿化覆盖率要求不高（60%）的岩质陡斜坡或陡坡快速绿化，结合挂网可应用于坡率为1∶1～1∶0.35，且绿化覆盖率要求大于90%的岩质陡坡快速绿化。主要技术要点如下：

（1）喷混植生技术分为基底和表层实施喷播，应保证基质在铁丝网上不少于5cm，表层3～4cm；基底种子用量占20%～30%，表层种子用量占70%～80%。喷射时应从正面进行，凹凸部及死角要补喷，喷射种植混合物（喷射厚度可根据边坡的岩性进行调整，以保证有机基材能提供足够的养分及水分供草种生长）。

（2）按设计的坡率、坡高、平整度修整路基边坡坡面，人工清理坡面浮石、浮土等，并且做到处理后的坡面斜率一致、平整，无大的凸出石块和其他杂物存在，对于光滑岩石要采用取挖、凿横向平行沟等措施进行加糙处理，以免基材下滑，使其有利于基材和岩石表面的自然结合。对于较大的凹坑，采用片石嵌补，与坡面齐平。

（3）根据岩石边坡的坡率和基岩状况，将喷混基料中水泥的含量调节到既有一定黏结强度，又适宜植物生长的范围内。

（4）当坡面坡率大于1∶1时，应铺挂镀锌或过塑铁丝网进行护坡，防止坡面坍塌，施工中应符合下列要求：

1）将铁丝网沿坡面顺势铺下，铺设时应拉紧网，用钻机在坡面上打孔，沿坡面铺平整顺后用长锚杆和短锚杆自上而下固定，铁丝网与坡面应保持3～8cm距离。

2）挂网应采用机编镀锌或过塑网，规格为50mm×50mm（长×宽）、$\phi3$～$\phi4$。配合工锚杆（长度介于0.6～1m）与短锚杆（长度介于0.3～0.5m,）交错排列，纵横向间距约为1m。

3）坡率在1∶0.85～1∶0.35时，挂网应配合选用直径介于10～20mm、长度介于0.5～1.5m的锚杆，锚杆按斜坡行间距1m长短间隔布置。

4）在坡顶处，铁丝网应伸出坡顶30cm，用锚杆紧埋于土下。铁丝网之间搭接应大于10cm。

4. 高次团粒喷播

高次团粒喷播护坡技术适用于坡率在1∶0.5以下的各种类型边坡，喷播厚度为30～80mm，通常用于贫瘠的土质边坡、风化严重的岩石边坡、较坚硬的石质边坡和高陡边坡的绿化防护，主要技术要点如下：

（1）严格按照材料的配合比和投料顺序投放材料，严禁随意改变配比及投料顺序；按规定严格控制用水量和材料的搅拌时间。

（2）每进场一批次新的材料或者变更喷播地点后，在喷播作业前，必须做团粒化反应试验，合格后才能进行喷播作业施工。团粒化反应试验规定的坍落度值小于或等于3cm，如果试验的坍落度数值大于3cm，则判定为不合格，应该重新检查材料质量、配比数量、投料顺序、溶液浓度等是否正确，将相关环节进行调整后，重新进行上述试验，直至合格后，才能喷播。

（3）进行喷播作业时应先上后下、先难后易，喷播应尽可能均匀，不得漏喷，喷播应分层进行，先喷播基底层，后喷播种子层，喷播的土壤培养基不得有流淌现象，尤其是种子层，如发生流淌现象，必须重新喷播，喷播厚度应符合设计要求。

（4）团粒喷播技术采取乔、灌、草相结合的方式进行绿化，使之尽量符合当地的植物群落结构，并走向本土化。

（5）团粒喷播绿化施工进行生态恢复的边坡前期养护与一般边坡的前期养护相比较有其特殊性，精养护时间为 3 个月，在养护中应注意以下几点。

1）出苗期需采取有效的催芽措施，使种子出芽早；播前喷足基肥，有机肥充分腐熟；土壤干燥时，应要浇水，必须要浇透；使种子与土壤接触良好、吸水受热，使种子出苗整齐，保持土壤湿度，防止土壤板结，防止病、虫害，要使用杀菌药消毒，为种子发芽创造条件。

2）幼苗期如不十分干旱，不可急于浇水，促使幼苗根系向地下伸长生长，主要是培养根系；当日光强烈时特别要防止土表温度过高灼伤幼苗，后期对氮肥要求增多，可结合浇灌进行适量追肥（$15g/m^2$）。

3）速生期要加强水、肥管理。

4）苗木硬化期适当施有利于苗木木质化的磷、钾肥，促进苗木木质化，注意采取防寒措施；要浇灌冻水，浇灌一般在白天化冻的时段进行。

5）待苗木长到 40～50cm 并形成灌木丛后可以停止人工浇水，单纯依靠自然养护。

5. *厚层基材喷射护坡技术*（TBS）

厚层基材喷射护坡技术（TBS）适用于无植物生长所需的土壤环境，也无法供给植物生长所需的水分和养分的坡面，常用于坡率缓于 1∶0.5，高度不超过 10m 的稳定的硬质岩边坡、软质岩边坡、瘠薄土质、酸性土质等劣质土坡，若与工程措施相结合，也可用于深层不稳定边坡的防护，主要用于无法应用液压喷射或绿化网达到护坡效果的地方，技术要点如下：

（1）基材混合物为绿化基材、纤维、种植土及混合植被种子按设计比例与混凝土的混合物。

（2）铺设金属网的目的是固定绿化基材，防止其因重力或雨水冲刷流失，铺设时应尽量拉紧网，网间用铁丝连接，打入土钉以固定金属网，土钉按双向间距 1000mm 布置。

（3）分层喷射，首先喷射不含种子的基材混合物；然后喷射含种子的基材混合物，喷射厚度宜考虑边坡类型、年平均降水量和边坡坡率等因素综合确定，常用喷播厚度的建议值见表 4-1。

植被喷播技术一般应用于坡率较陡或稳定性较差的岩质边坡，是我国目前运用最为广泛的护坡技术，在公路、铁路、水利等工程的生态修复中均具有优良效果。除了考虑其各自的优缺点外，应该根据其立地条件及绿化目标，合理选择喷播方案（见表 4-2），做到经济、有效。

表 4-1　　一般气候条件下基材混合物喷射厚度建议值表

边坡类型	年净水量（mm）	坡率	喷射厚度（cm）
硬质岩边坡	600～900	1∶0.3	10
		1∶0.5	
	900～1200	1∶0.3	9
		1∶0.5	
	≥1200	1∶0.3	8
		1∶0.5	
软质岩边坡	600～900	1∶0.75	8
	900～1200		7
	≥1200		6
土石混合边坡	600～900	1∶0.75	6
		1∶1.0	
	900～1200	1∶0.75	5
		1∶1.0	
	≥1200	1∶0.75	4
		1∶1.0	
贫瘠土质边坡	600～900	<1∶1.0	4
	900～1200		3

表 4-2　　边坡喷播绿化施工方法及适用范围

判断依据				方法选择
坡率	年降水量（mm）	喷播基质离析度（%）	绿化目标	
1∶0.5～1∶1.0	—	<20	乔灌草型	团粒喷播
			灌草型	团粒喷播、植被混凝土喷播、TBS
			草本型	
<1∶1.0	≥800	<20	乔灌草型	团粒喷播
			灌草型	团粒喷播、植被混凝土喷播
			草本型	
	<800	<60	乔灌草型	团粒喷播、客土喷播
			灌草型	团粒喷播、植被混凝土喷播、有机质喷播、客土喷播

注　液力喷播施工方法，适用于坡率小于1∶1.5，且降水量小于800mm的土质、土石混合边坡。

二、喷播绿化实施要点

喷播绿化工程设计前，应进行边坡稳定性评价，确保边坡稳定性达到稳定状态，未达到稳定状态的边坡应先治理，为喷播绿化设计、施工及植物生长创造有利条件。喷播绿化施工方法的选择需遵循以下规定：

(1) 坡率大于 1∶1.0 的边坡，或年降水量大于 800mm 地区的边坡，喷播基质的离析度应小于 20%。

(2) 依据材料配方及喷播基质性状的不同，边坡喷播绿化的施工方法可分为液力喷播、客土喷播、TBS 植被混凝土喷播、团粒喷播、有机质喷播等。喷播绿化的方法及适用范围符合表 4-2 的相关规定。

(3) 喷播绿化工程的实施不应影响边坡的稳定性。

(4) 喷播基质离析度的设定应综合考虑边坡类型、坡率和年降水量等因素，离析度测定应符合 CJJT 292—2018《边坡喷播绿化工程技术标准》附录 A 中的相关规定。

第三节　植被建植技术——植被栽植培育技术

本书中所指的植被栽植培育技术是区别于通过机械手段喷播种子的方法。其包括直接种灌草，也可通过挖沟、植生槽、植生篮等方式应对更为复杂的场地关系。还包括通过铺草皮、植生毯、植生袋、种植穴、挖沟植草、植生槽、植生盆、台阶式金属笼、挂笼砖等不通过喷播机能直接实施的培育绿化方式，其技术要点如下：

一、种灌草

种灌草包括种植灌木及直接撒播草籽两种类型。种植灌木适用于坡率缓于 1∶1.5 的边坡，应选用能迅速生长且根深枝密低矮灌木类树种。直接撒播草籽适用于坡率缓于 1∶1.25 易生长草木的土质边坡，避免临河受河水冲刷路段。

二、铺草皮

铺草皮适用于坡率缓于 1∶1.0 需要迅速绿化的稳定土质边坡（如图 4-16 所示）。草皮护坡铺置形式有平铺式、叠铺式、方格式和卵（片）石方格式四种，技术要点如下：

(1) 坡长超过 10m 时，需进行分级处理。

(2) 铺草皮前应平整 1～2 次坡面，将松软土层压实，并洒水润湿。

(3) 铺草皮时随起随铺，为防止草皮块因在运输途中失水干缩，遇水浸泡后可能出现的边缘膨胀，块与块之间应保留 5mm 的间隙，并填入细土，此外还应避免过分伸展和撕裂草皮块。

三、植生毯（带）

植生毯（带）是采用专用机械设备，依据特定的生产工艺，把草种、肥料、添加剂等按一定的密度定植在带状载体上，并经过机器滚压、针刺复合定位或冷黏接等工序，形成的一定规格的工业产品（如图 4-17 所示）。植生带的保温、保墒等功能使其具有发芽快、出苗齐、形成草坪速度快和减少杂草的滋生等特点，技术要点如下：

(1) 边坡清理要做到尽可能平整，如果土质较硬应该松土、耧细、耙平。如有条件，可以略施底肥，并浇水保墒。

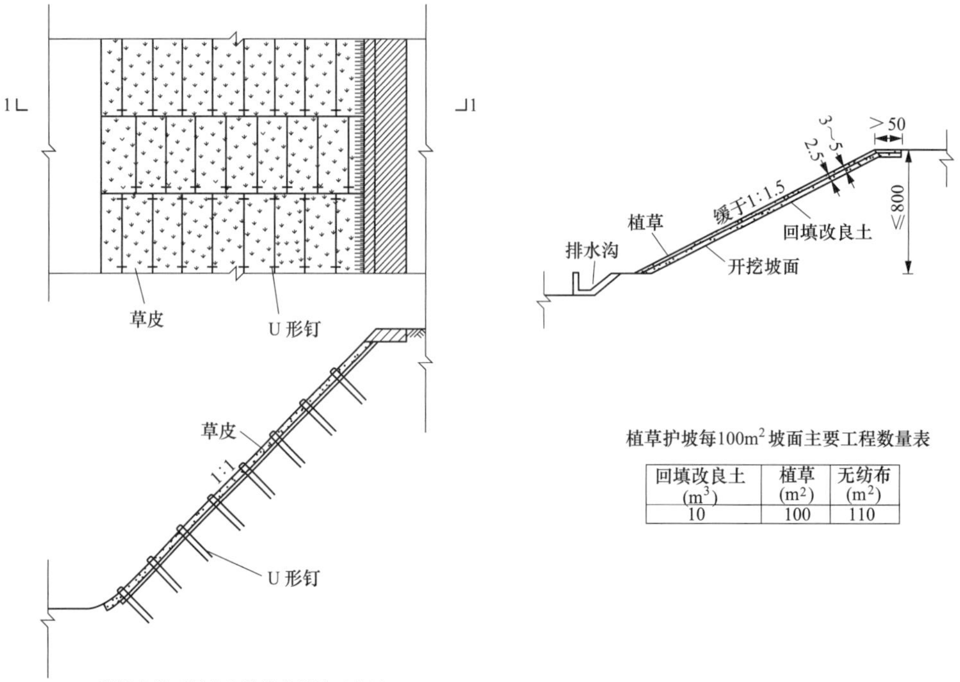

植草护坡每100m² 坡面主要工程数量表

回填改良土 (m^3)	植草 (m^2)	无纺布 (m^2)
10	100	110

(a) 铺草皮坡面绿化防护技术设计示意图

(b) 植草护坡剖面图

图 4-16　铺草皮及植草护坡

（2）植生带与地表面之间要紧密接触，不能留有空隙，如果地表面有凹凸之处，要将植生带顺着凹凸起伏铺设，并用 U 形钉在凹凸部位多处固定植生带，保证植生带与地面密切结合。

（3）植生带铺设应采用后退方式，即面对着边坡从上向下铺设，铺设时边固定边覆土，避免踩踏已经铺设好的植生带。植生带的上、下、左、右接缝处一定要用 U 形钉或竹签固定好。

（4）植生带铺装好后，初次浇水一定要浇透，以后每日都要喷水，直至出苗。浇水时要采用小水滴细水流的方法，避免大水头对植生带的冲刷。如果覆土被水流冲掉，要及时补撒细土覆盖。

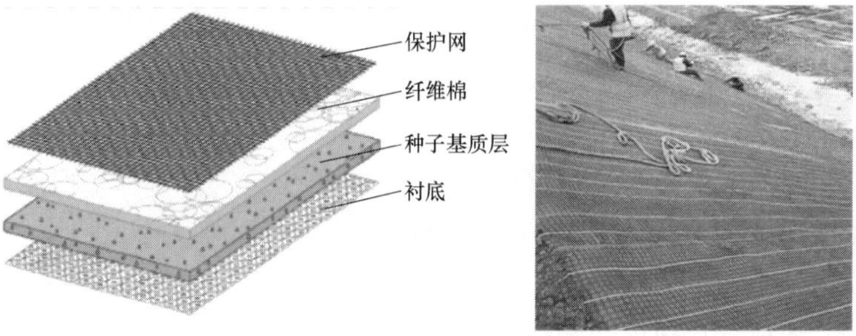

图 4-17　植生带示意图

四、植生袋

植生袋（如图 4-18、图 4-19 所示）坡面绿化防护技术是采用内附种子层的土工材料袋，通过在袋内装入植物生长的土壤材料，在坡面或坡脚以不同方式码放，起到拦挡防护、防止土壤侵蚀，同时恢复植被的一项工程技术。适用于坡率小于 1∶0.35 的土质边坡和风化岩石、沙质边坡，特别适宜于不均匀沉降、冻融、膨胀土地区和刚性结构等难以开展边坡绿化的区域，技术要点如下：

（1）坡率较缓的可按照坡面直接堆放；坡率较大时应采用钢索拦挡固定或与框格梁结合，生态边坡底层将植生袋横向坡面垂直摆放作为基础与抛石挤淤层结合，以加强边坡稳定。

（2）植生袋填砂土，配合比为中粗砂：黏土＝9∶1，掺和蘑菇肥以利植物生长，回填土压实度不低 90％，有机肥加入量按 3kg/m^2。

（3）应以灌草措施为主，多树种、多草种混播。

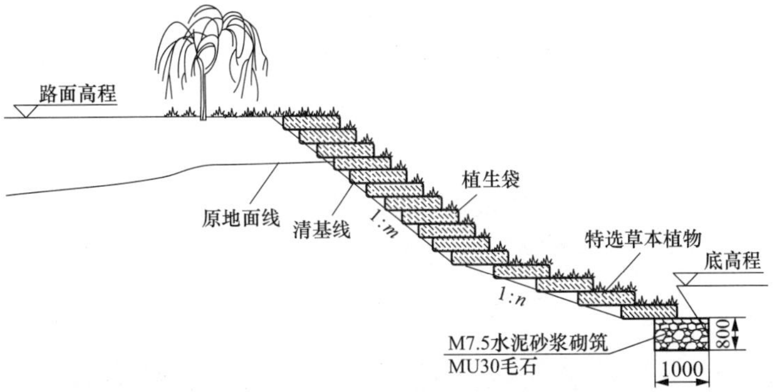

图 4-18　常规植生袋护坡设计图（单位：mm）

图 4-19　常规植生袋护坡三维设计图

（4）植被养护期一定要保证浇水量和次数，需要配套灌溉设施的，应以滴灌、微喷灌为主，其设计参考有关规范执行。

五、种植穴

种植穴（如图 4-20 所示）又称栽植穴、树穴，在栽植苗木前以所定的栽植点为中心沿四周往下挖穴而成，种植穴栽苗绿化技术适用于坡率大于 1∶0.5 的岩质、混凝土陡坡或特陡坡的生态修复，主要技术要点如下：

（1）施工前，应清除坡面的石块、枯枝，并将坡面整理平顺。

（2）应根据设计栽植密度，在边坡上标出开凿位置，最好利用岩石的自然节理，可以采用不规则的栽植方式。然后根据标注的位置，开凿栽植穴。

（3）种植穴应有足够的大小，应根据苗木土球的大小确定种植穴的规格，一般苗木穴的直径与深度比根系的根幅与深度（或土球）大 2～300cm，在土壤贫瘠与坚实的地段，种植穴要加大，穴或槽应保证上下口径大小一致，不应成为锅底形或锥形。

（4）在挖穴或槽时，应将肥沃的表层土与贫瘠的底土分开放置，同时捡出有碍根系生长的杂物，同时进行土壤改良，通过掺沙、施肥等措施改良土壤结构和物理性状。

（5）应根据恢复目标，选择栽植藤本植物或插入钉钵苗以达到快速生态修复的目的。

图 4-20　种植穴

六、挖沟植草

挖沟植草（如图 4-21 所示）是指在坡面上按一定的行距人工开挖楔形沟槽，在沟内回填改良客土，并铺设三维植被网（或土工网、土工格栅），然后进行草种喷播的一种植草护坡技术，适用于坡率缓于 1∶0.75 的易于人工开挖的软质岩石路堑边坡，主要技术要点如下：

（1）对于长、大边坡，坡顶、坡脚及平台均需设置排水沟，并应根据坡面水流量的大小考虑是否设置坡面排水沟，一般坡面排水沟横向间距为 40～50m。

（2）在坡面上按设计行距开挖楔形沟槽，楔形沟槽竖向保持直立，横向设置 5%的倒坡以保证回填客土的稳定，楔形沟槽应开挖到位。

（3）在楔形沟槽内回填改良客土，为保证回填客土的稳定，应将填土轻轻压实，并适量洒水润湿，润湿厚度 1～3cm。

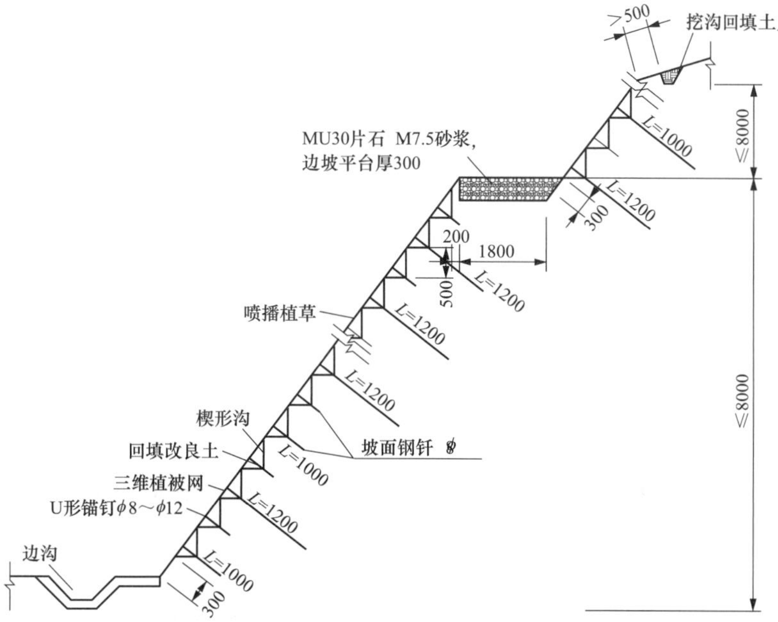

图 4-21　挖沟植草护坡横断面图（单位：mm）

七、植生槽

植生槽是指在边坡坡面按设计间距打入锚杆，并在坡面外端预留一定长度作为载体，在其上构筑钢筋混凝土种植槽，在槽内回填土并种植抗旱性强的灌木等植物，植物生长后用以遮挡坡面的一种坡面绿化技术，适用于坡率小于 1∶0.5 的中风化和微风化的岩质陡坡或高陡采石悬崖，主要技术要点如下：

（1）现浇飘台种植槽板时，排栅架应采用单排跑山架，由下至上搭建，排栅架随坡面倾斜。先用 $\phi16$～$\phi18$ 钻杆在岩面与坡面成 45°斜向钻孔，深度 20m 以上，然后用 $\phi14$～$\phi16$、长 2.0～3.0m 的钢筋锚入孔内。架子与岩面之间应保持 70cm 的施工操作间距，形成种植槽的钢筋骨架。

（2）在钢筋骨架下安装模板，用 C20 混凝土现浇种植槽，种植槽宽约 450mm、厚约 50mm，要求种植槽与岩面完全密封，要求横平竖直。

（3）应沿山顶走势砌筑排水沟。排水沟、蓄水池均采用 M7.5 砂浆、MU10 砖砌筑，内外均采用 20mm 厚1∶2 水泥砂浆抹面。

（4）可将种植槽技术与节水微灌技术相结合（如图 4-22 所示），以保证植物对水分的需求；滴灌网管系统中的主管沿山体竖向每间隔 20m 布置，次水管置于槽板内，沿槽板方向布置，次水管（$\phi25$）与主水管（$\phi50$）相连，管道用膨胀螺栓固定，形成骨架网状浇灌系统，以保证山体各部位苗木养护有足够的水分。

图 4-22　骨架网状浇灌系统

八、植生盆

植生盆（如图4-23所示）适用于坡率缓于1∶0.85，岩石坚硬、岩面不平整、裂隙和微地形充分发育的岩质陡坡，主要技术要点如下：

（1）施工前，平整边坡，清理松石，当坡面具有残存植物时，在不妨碍施工的情况下应尽量保留。

（2）人工植生盆的设置应依坡面地形的起伏来确定，利用微凹地形构建，在微凹口外侧人工开拓平台，用浆砌块石砌筑（或直接用废弃轮胎筑盆）植生盆，一般要求直径大于50cm，深度大于50cm，挡土墙厚度为15～30cm。

（3）如果坡面本身已具有凹凸不平的地形，但表面光滑，应先在石壁上打入锚杆，锚杆直径为12m、长为80～110cm，打入石壁50～80cm，利用锚杆的支撑作用砌石建盆（槽）。

（4）应在每一植生盆内填上占3/4体积的种植土，种植土成分为种植壤土、复合肥、保水剂、泥炭土等。

（5）植生盆密度应为6～40个/100m^2。

（6）植生盆技术需与其他技术相结合以构建乔灌草完整的植物群落结构，在选择乔灌木的种类时，应注意深根和浅根植物相结合，尽量选择不同的物种。

图4-23　植生盆

九、台阶式金属笼

台阶式金属笼栽植（如图4-24所示）适用于坡率大于1∶0.5的岩质、混凝土陡坡或特陡坡生态修复，实施时应将金属笼按台阶式安装，然后装填客土及有机肥料，最后按一定密度栽植灌木和草本实生苗。

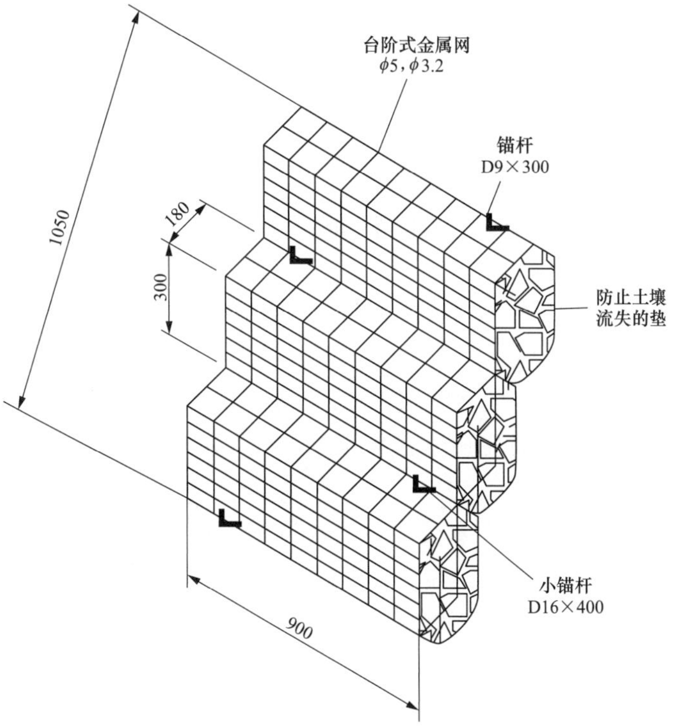

图 4-24　台阶式金属笼防护设计图（单位：mm）

十、挂笼砖

挂笼砖适用于坡率 1∶0.25，且绿化覆盖率需大于 90%的稳定的岩质特陡坡绿化，主要技术要点如下：

（1）草砖坯应含有齐全的植物养分，且肥效持久，其规格为 40cm×25cm×10cm，在砖坯上播草籽种草或点播乔灌木种子。

（2）网笼应使用 PVC 涂层镀锌铁丝编制的六角网。镀锌铁丝直径为 2.0～4.0mm，加 PVC 涂层后直径为 3.0～4.0mm，编制后六角网孔径为 6cm×7cm，网孔面积约为 36cm^2，将其做成 50cm×40cm×10cm 的网笼，每个笼内应装两个草砖。

（3）坡面应自上而下钻直径 14mm 的孔，根据岩性确定深度，用水泥浆把镀锌螺杆（直径 12m、长 15～20cm）固定于坡面孔内，留出少部分用于挂笼砖。挂笼前，应用少量搅拌过的营养黄泥垫在将要挂笼的笼位底部。

（4）笼砖应沿岩面由下至上逐个连续紧靠着安装，每挂一个笼后，都用长于六角网孔的垫片（8cm×6cm）和配套螺母将其牢牢固定。

（5）挂笼过程中，充应分利用山地微地形和笼砖之间空隙种植各种适宜当地自然条件的乔灌木、花卉以及藤、草本植物，尤其是抗旱、耐贫瘠、根系发达的灌木品种。

（6）采用挂笼砖技术治理的边坡，岩质边坡同应进行长期的定期养护，尤其要定期洒水。

第四节　养护管理技术

一、养护与维护

1. 养护时间

木本植物群落类型（乔灌草和灌草型）施工后的管理期限应为2～3年。草本植物群落类型（草本及藤灌型）施工后的管理期限应为1～2年。

2. 缺陷维护

注重科学补植，若种子的萌发率或者苗木的成活率相对较低，则需实施苗木补植及补种，要点如下：在苗木增补期间，优先选用最适宜当地气候的苗木，一般会选定穴盘苗。补播种子期间，不可使用有较强侵占性的植物，避免岩石边坡地带植物有单一化或者退化现象产生，且要注意选定最适宜季节补植。

3. 基质维护

基质维护要点如下：针对严重受侵蚀与冲刷的基质面，妥善落实修补养护处理工作。针对过高硬度及紧实基质层，需实施打孔处理。缓坡较薄基质层，可增加细土层覆盖，局部裸露陡坡则需人工涂抹或机器喷附。

二、灌溉与追肥

1. 灌溉

在工程实施结束后，要结合当地的天然降水和植物自身的需要，进行人工水分补充，注意坡面水分补充尽量避免高压水车的直接喷射，采用喷头喷洒进行水分补充，减少对坡面的冲刷破坏。

（1）严格把控灌溉时间，一般夏季灌溉植物最佳时间是10：00前和15：00～17：00，可满足岩石边坡地带植物白天所需水分，且晚间叶片干燥，对滋生病菌还可起到有效防治的作用。

（2）合理把握灌溉频率与灌溉量：

1）结合边坡植物具体生长情况和天气状况、基材的蓄水能力及边坡朝向等，把控灌溉的频率与灌溉水量。

2）初期养护，灌溉用水量可略大一些，以便对边坡地带植物根系的发育和生长起到良好促进作用，确保能够达到初期的养护管理标准。在养护的中后期，需适当把控好灌溉用水量，使边坡地带植物自身抗旱能力得以增强。

3）在降雨获取充足水分情况下，灌溉需终止，待根系土壤恢复干燥后，实施灌溉。

4）考虑季节与地区方面差异性，霜降后要灌足冬水，入冬后通常不需要灌溉。春季返青初期浇灌返青水；夏季高温环境下，幼苗生长与种子萌芽期陡坡与阳坡需每天灌溉，并避免高温时段喷灌，有效促进地被植物生长速率。

2. 追肥

（1）把握施肥量和时间，每年需春秋两季各施肥一次，但因速效肥料一般会受雨水影响有流失现象出现，最为突出的是陡坡上面。可适当增加施肥次数或施肥量，如果条件允许，可诊断土壤肥力，合理设定施肥量和时间。

（2）把握施肥种类。边坡基材和土壤中有机质的含量变化并不突出，伴随植物大量的积累与生长持续增长。结合发育母岩基本性质，需要实行综合性的施肥，钾、磷、氮需维持供应充足状态，避免植物缺少微量元素。同时，可施加微生物类型化肥，以便对岩石边坡地带土壤及其内部生物结果起到良好改善作用，有效合理地利用养分。

（3）注重施肥方式的合理应用。大面积岩石边坡地带植物施肥，应选用肥料融合水后喷洒、撒播颗粒肥料两种方式，夏季高温环境下不可喷洒化肥，以免植物叶片有被灼伤现象出现。种植较大的苗木情况下，需要借助穴施方式在植物根部位置埋肥。

（4）每次施肥必须均匀平衡，且施肥后需快速浇灌，使施肥效果能够充分得到发挥。

三、修剪与病虫害防治

1. 修剪

依据各部位植物绿化目标，进行合理的植株修剪。养护管理植物期间，应妥善落实除草工作，要点如下：在杂草旺盛生长期增加除草频率。采用化学试剂除草时，相应试剂必须要经试验验证后才可投放使用。所清除的杂草进行集中焚烧处理。

2. 病虫害防治

水利水电生态建设防护处于较为恶劣的地理环境下，植物长势弱，对病虫害实际抵御能力差。可从当地相关植保部门获取病虫害相关测报数据，做好病虫害综合防治相关工作。在定时定期修剪前提下，科学清除枯草层、病残体，以达到减低菌源量的目的。

第五节 小　　结

综上所述，抽水蓄能电站常用绿色生态建设的技术是绿化措施与工程防护措施的组合，根据实际运用条件的不同及绿化目标的差异，可灵活组合加以运用，常用技术组合模式见表 4-3。

表 4-3　　抽水蓄能电站常用绿色生态建设技术选型表

<table>
<tr><th rowspan="2">培育方式</th><th rowspan="2">绿化措施</th><th rowspan="2">序号</th><th rowspan="2">常用工程防护措施组合</th><th colspan="2">适用范围</th><th rowspan="2">备注</th></tr>
<tr><th>物质组成特点</th><th>坡率</th></tr>
<tr><td rowspan="4">栽植技术</td><td rowspan="4">种植乔灌草</td><td>1</td><td>—</td><td>土质、强风化岩石、软质岩石</td><td><1∶1.5</td><td rowspan="4">灌、攀缘植物、下垂灌木、小乔木</td></tr>
<tr><td>2</td><td>植乔灌草+栽植穴</td><td>岩质、混凝土陡坡或特陡坡的生态修复</td><td>>1∶0.5</td></tr>
<tr><td>3</td><td>植乔灌草+小平台、沟穴</td><td>土质边坡、风化岩石或沙质边坡</td><td><1∶0.5</td></tr>
<tr><td>4</td><td>植乔灌草+开凿植生槽/混凝土延伸植生槽/锚杆</td><td>稳定石壁、中风化和微风化的岩质陡坡或高陡采石悬崖</td><td>1∶0.5～1：0.35</td></tr>
</table>

续表

培育方式	绿化措施		序号	常用工程防护措施组合	适用范围		备注
					物质组成特点	坡率	
栽植技术	种植乔灌草		5	植乔灌草+燕巢模式/鱼鳞填坑	土质开挖及回填边坡或高陡岩石边坡	>1∶0.35	灌、攀缘植物、下垂灌木、小乔木
			6	植乔灌草+框格防护——钢筋混凝土框架	浅层稳定性差且难以绿化的高陡岩坡和贫瘠土坡	<1∶0.5	
			7	植乔灌草+框格防护——浆/干砌片石、混凝土	土质和全风化的岩石边坡防护与绿化	<1∶0.75	
			8	植乔灌草+台阶式金属笼/挂金属笼	岩质、混凝土陡坡或特陡坡生态修复	>1∶0.5	
			9	植乔灌草+植生盆	岩石坚硬、岩面不平整、裂隙和微地形充分发育的岩质陡坡	<1∶0.85	
	植草		10	—	土质边坡	<1∶1.25	
			11	植草+框格防护	泥岩、灰岩、砂岩等岩质边坡，以及土质或沙土质等稳定边坡	<1∶1	框格内客土绿化，常用形式为方格形、菱形、拱形、人字形等
			12	植草+混凝土锚杆格构梁防护	浅层稳定性差且难以绿化的高陡岩坡和贫瘠土坡	<1∶0.5	
			13	植草+ 挂笼砖	覆盖率需大于90%的稳定的岩质特陡坡绿化	>1∶0.25	利用笼砖间空隙进行乔灌绿化
			14	植草+ 挖沟植草+挂网	软质岩石路堑边坡	<1∶0.75	常用楔形沟槽形式
	铺筑技术	铺草皮	15	—	土质、强风化岩石	<1∶1	铺置方式：平铺式、叠铺式、方格式和卵(片)石方格式
		植生带(植生毯/植生网)	16	—	土质和全风化岩石边坡/土质、土石混合等经处理后的稳定边坡	<1∶0.5	
播种工程	堆筑技术	植生袋	17	—	土质边坡和风化岩石、沙质边坡，特别适宜于不均匀沉降、冻融、膨胀土壤贫瘠的土地	<1∶0.35	
	种子喷播	液力喷播	18	—	土质边坡、土夹石边坡、严重风化岩石	1∶1.5～1∶2.0	最早引入的喷播方法，种子载体不用土壤，而用木质纤维材料，绿化类型主要为草本型
			19	液力喷播+土工网	石壁	1∶2～1∶0.35	
			20	液力喷播+混凝土空心块	土质边坡和全风化、强风化的岩石挖方边坡	1∶0.75	
			21	液力喷播+三维植被网	土质、土石混合低缓边坡	<1∶1.5	

续表

培育方式	绿化措施		序号	常用工程防护措施组合	适用范围		备注
					物质组成特点	坡率	
播种工程	种子喷播	TBS	22	—	无土壤、无水分养分的坡面	1∶0.5～1∶0.3	草、灌
			23	—	贫瘠高陡岩、贫瘠土坡	＞1∶0.5	
			24	TBS＋预应力锚索框架地梁	风化岩石、土壤较少的软质岩石；养分较少的土壤、硬质土壤；植物立地条件差的高大陡坡面和受侵蚀显著的坡面	＞1∶0.5	绿化以草为主
		客土喷播	25	—	土石混合或风化岩边坡	＜1∶1.0	喷播基质为土壤，大多采用干式喷播，按照设计厚度一次性喷播乔灌草型植物
			26	客土喷播＋挂网	土石混合或风化岩边坡	＞1∶1.0	
			27	客土喷播＋混凝土锚杆格构梁防护	土质边坡和坡体中无不良结构面、风化破碎的岩石挖方边坡	＞1∶1.0	
		有机质喷播	28	—	土质边坡、土石边坡、岩质边坡	≤1∶1.0	乔灌草型、灌草型、草本型
		植被混凝土	29	—	绿化覆盖率不高（60%以上）的凹凸岩质边坡	1∶1～1∶0.75	使用水泥作为固化剂，与水混合一次或分次喷播，植物以灌草型或草本型为主
				喷混植生＋挂网	绿化覆盖率大于90%的凹凸岩质边坡	1∶1～1∶0.35	
		团粒喷播	30	—	适用于贫瘠的土质边坡，风化严重的岩石边坡，较坚硬的石质边坡和高陡边坡的绿化防护	＜1∶0.5	利用专门喷播机分层多次喷播，适用于乔灌草等不同植物的绿化

第五章

植物种类选择与配置

第一节　工程创面的植物生态区划

植被作为生态系统的重要组成部分，是工程扰动区生态系统中物质循环与能量流动的中枢，其好坏直接影响生态系统的稳定程度、发展方向和生态功能。植被重建是对工程扰动区生态的有效补偿手段。通过对工程扰动区进行植被重建，构建出一个具有自然生长能力的功能系统，可达到改善工程扰动区环境、维持生物多样性和稳固边坡的目的。这就要求首先在植物种类选择时需先进行立地条件调研，除了相关工程部位的地面物质组成、覆土状况、特殊地形和条件等主要因子、常年主导的风向、最低最高气温、日照、年降水情况及雾天气等气候情况。还需重点对扰动区周围自然植被组成结构、生长情况等进行调查（基本情况调查表见附录 A）。树（草）种选择应符合下列规定：

（1）应遵循植物多样性和共生性原则，以生长特性和观赏价值相对稳定、滞尘控温能力较强的本地常用和引种成功的植物为主。

（2）植物种子的选择及配置应走本土化的道路，以地带性植被、乡土植物为基调，适当引进适应本地生长条件的野生植物和外地植物。

（3）以低矮灌木、草坪、地被植物和攀援植物等为主，原则上不用大型乔木，有条件时可少量种植耐旱小型乔木，根据群落演替理论、生态多样性原理等，尽量合理搭配乔灌草，它们在空间上的生态位不同，可以避免同一生态位物种的相互竞争，同时还可增加坡面的垂直层次感和景观效应。

（4）选择根系发达、耐粗放管理、生命力强、抗风、耐旱、抗寒、耐高温、能够固土持水的物种，但不宜选用根系穿刺性较强的植物，防止植物根系穿透构筑防水层。

（5）为增加群落生态系统物质和能量的循环及拟自然程度，应结合各个功能部位的实际情况采取更适宜、更有针对性的调控措施，同时应加大对生态基材活性化的研究。

第二节　常用植物种类区划配置

结合生态恢复目标、基本防护功能与要求和适地适树（草）等原则，同时遵循生态适应性原理、生态位原理，预选出可以在扰动区恶劣生态环境生长的植物种类，按照地理区位和植物垂直分布特点进行分类，以期为抽水蓄能电站生态建设提供快速植物选配。常用木本植物名录见表 5-1，常用草本植物名录见表 5-2，常用藤本植物名录见表 5-3。

表 5-1　　　　常用木本植物名录

序号	植物类型	科	中文名	拉丁名	应用区域
1	常绿乔木	松科 Pinaceae	黑松	Pinus thunbergii	华中、华东
2			樟子松	Pinus sylvestris	东北
3			白皮松	Pinus bungeana	华北、西北
4			华山松	Pinus armandii	西北、华北、华中
5			云南松	Pinus yunnanensis	西南
6			思茅松	Pinus kesiya	西南
7			高山松	Pinus densata	西南
8			马尾松	Pinus massoniana	华中、华东
9			黄山松	Pinus taiwanensis	华东、华中、华南
10			湿地松	Pinus elliottii	华东、华中、华南
11			南亚松	Pinus latteri	华南
12			火炬松	Pinus taeda	华东、华中、华南
13		杉科 Taxodiaceae	冷杉	Abies fabri	西南
14			铁杉	Tsuga chinensis	华北、西北、南方
15			红皮云杉	Picea koraiensis	东北
16			鱼鳞云杉	Picea jezoensis	东北
17			云杉	Picea asperata	西北、西南
18			云南油杉	Keteleeria evelyniana	西南
19			黄杉	Pseudotsuga sinensis	西南、华中
20			池杉	Taxodium ascendens	华东、华中
21			落羽杉	Taxodium distichum	华东、华中
22			柳杉	Cryptomeria fortunei	华东、华中、西南、华南
23			台湾杉	Taiwania cryptomerioides	华南（台湾）
24		罗汉松科 Podocarpaceae	长叶竹柏	Podocarpus fleuryi	西南、华南
25		樟科 Lauraceae	香樟	Cinnamomum camphora	华东、华南
26		杜英科 Elaeocarpaceae	杜英	Elaeocarpus decipiens	华中、华东、华南

续表

序号	植物类型	科	中文名	拉丁名	应用区域
27	常绿乔木	柏科 Cupressaceae	侧柏	Platycladus orientalis	全国
28			祁连圆柏	Sabina przewalskii	西北、西南
29			柏木	Cupressus funebris	南方
30			干香柏	Cupressus duclouxiana	西南
31			杜松	Juniperus rigida	东北、华北
32		豆科 Fabaceae	台湾相思	Acacia confusa	华南、西南
33			大叶相思	Acacia auriculiformis	华南
34			马占相思	Acacia mangium	华南、西南
35			丝毛相思	Acacia holosericea	华南
36			铁刀木	Cassia siamea	南方
37			黑荆	Acacia mearnsii	西南、华东、华南
38			银荆	Acacia dealbata	西南、华南
39		桑科 Moraceae	榕树	Ficus microcarpa	南方
40		壳斗科 Fagaceae	青冈栎	Cyclobalanopsis glauca	西北、华中、华南、华东
41			滇青冈	Cyclobalanopsis glaucoides	西南
42			高山栎	Quercus semecarpifolia	西南
43			元江锥	Castanopsis orthacantha	西南
44			高山锥	Castanopsis delavayi	西南
45			黧蒴锥	Castanopsis fissa	华南、西南
46			水青冈	Fagus longipetiolata	华中、华东、西南
47		木麻黄科 Casuarinaceae	木麻黄	Casuarina equisetifolia	华东、华南
48		桃金娘科 Myrtaceae	窿缘桉	Eucalyptus exserta	华南
49			水翁蒲桃	Syzygium nervosum	华南、西南
50			尾叶桉	Eucalyptus urophylla	华南
51			巨尾桉	Eucalyptus grandis	南方
52			赤桉	Eucalyptus camaldulensis	华南、西南

续表

序号	植物类型	科	中文名	拉丁名	应用区域
53	常绿乔木	藜科 Chenopodiaceae	梭梭	Haloxylon ammodendron	西北
54		禾本科 Gramineae	凤尾竹	Bambusa multiplex	华东、华南、西南
55			茶杆竹	Pseudosasa amabilis	华东、华中、华南
56			毛竹	Phyllostachys heterocycla	华中、华东
57			青皮竹	Bambusa textilis	西南、华中、华东
58			刚竹	Phyllostachys sulphurea	华北、华中、华东
59			淡竹	Phyllostachys glauca	华北、华中、华东
60			孝顺竹	Bambusa multiplex	华东、华南、西南
61		棕榈科 Arecaceae	椰子	Cocos nucifera	华南
62			棕榈	Trachycarpus fortunei	华中、华南、西南
63	落叶乔木	槭树科 Aceraceae	梣叶槭	Acer negundo	东北、华北、西北、华中、华东
64			茶条枫	Acer tataricum	东北、华北、西北
65			色木槭	Acer pictum	东北、华北
66			全缘叶栾树	Koelreuteria bipinnata	华中、华东
67			复羽叶栾树	Koelreuteria bipinnata	西南、华中、华东
68		壳斗科 Fagaceae	蒙古栎	Quercus mongolica	东北、华北、西北、华中
69			麻栎	Quercus acutissima	全国
70			辽东栎	Quercus wutaishansea	东北、华北、西北
71			槲栎	Quercus aliena	西北、华北、华中、华南
72			栗	Castanea mollissima	全国
73			栓皮栎	Quercus variabilis	全国
74			小叶栎	Quercus chenii	华东、华中、华南、西南
75			茅栗	Castanea seguinii	华东、华中
76		楝科 Meliaceae	楝	Melia azedarach	华北、南方
77			香椿	Toona sinensis	华北、华东、华中、华南、西南
78			红椿	Toona ciliata	华中、华东、西南

续表

序号	植物类型	科	中文名	拉丁名	应用区域
79	落叶乔木	杨柳科 Salicaceae	山杨	Populus davidiana	东北、华北、西北、华中、西南
80			健杨	Populusxcanadensis ‘Robusta’	东北、华北、西北
81			箭杆杨	Populus nigra var. thevestina	西北、华北
82			青杨	Populus cathayana	华北、西北、四川
83			银白杨	Populus alba	北方
84			旱柳	Salix matsudana	东北、华北、西北、华东
85			中东杨	Populus berolinensis	东北
86			小黑杨	Populus × xiaohei	东北、华北、西北
87			银中杨	Populus alba	西北、华北、东北
88			沙兰杨	Populus × canadensis cv. Sacrau 79	东北、华北、西北
89			二白杨	Populus gansuensis	西北
90			胡杨	Populus euphratica	西北
91			响叶杨	Populus adenopoda	西北、华中、华东
92			意大利 214 杨	Populus×canadensis ‘Ⅰ-214’	华东
93			滇杨	Populus yunnanensis	西南
94			小叶杨	Populus simonii	东北、华北、华中、西北、西南
95		榆科 Ulmaceae	青檀	Pteroceltis tatarinowii	西南、华南
96			榆树	Ulmus pumila	东北、华北、西北、华东
97			欧洲白榆	Ulmus laevis	东北、西北、华北
98			大果榆	Ulmus macrocarpa	东北、华北、西北
99			朴树	Celtis sinensis	华中、华南、华东
100			榉树	Zelkova serrata	东北、西北、华东、华中、华南
101		银杏科 Ginkgoaceae	银杏	Ginkgo biloba	全国

续表

序号	植物类型	科	中文名	拉丁名	应用区域
102	落叶乔木	漆树科 Anacardiaceae	黄栌	Cotinus coggygria	华北、华中、西南
103			盐肤木	Rhus chinensis	华北、西北、南方
104			黄连木	Pistacia chinensis	南方、华北、西北
105			漆树	Toxicodendron vernicifluum	南方、华北、西北
106		椴树科 Tiliaceae	紫椴	Tilia amurensis	东北
107			蒙椴	Tilia mongolica	华北
108		木兰科 Magnoliaceae	旱莲	Magnolia soulangeana	全国
109			鹅掌楸	Liriodendron chinense	南方、西北
110		胡颓子科 Elaeagnaceae	沙枣	Elaeagnus angustifolia	西北、华北
111		松科 Pinaceae	兴安落叶松	Larix gmelini	东北
112			长白落叶松	Larix olgensis	东北、华北
113			日本落叶松	Larix kaempferi	东北、华北、华中
114		柽柳科 Tamaricaceae	柽柳	Tamarix chinensis	华北、南方
115		木樨科 Oleaceae	白蜡树	Fraxinus chinensis	全国
116			水曲柳	Fraxinus mandshurica	东北、华北、西北、华中
117		胡桃科 Juglandaceae	核桃	Juglans regia	全国
			枫杨	Pterocarya stenoptera	全国
118			化香树	Platycarya strobilacea	南方、西北
119		豆科 Leguminosae	刺槐	Robinia pseudoacacia	华北
120			凤凰木	Delonix regia	华南、西南
121			皂荚	Gleditsia sinensis	华北、南方
122		苦木科 Simaroubaceae	臭椿	Ailanthus altissima	华北、华中、华东、华南、西南
123		唇形科 Lamiaceae	柚木	Tectona grandis	西南、华南
124		紫葳科 Bignoniaceae	灰楸	Catalpa fargesii	西北、华北、华中、西南
125		桑科 Moraceae	构树	Broussonetia papyrifera	全国

续表

序号	植物类型	科	中文名	拉丁名	应用区域
126	落叶乔木	大戟科 Euphorbiaceae	重阳木	Bischofia polycarpa	华中、华东
127			乌桕	Triadica sebifera	西北、华东、华中、华南、西南
128		樟科 Lauraceae	檫木	Sassafras tzumu	华中、华东、华南、西南
129		泡桐科 Paulowniaceae	白花泡桐	Paulownia fortunei	华中、华东、华南、西南
130	落叶小乔木	蔷薇科 Rosaceae	杜梨	Pyrus betulifolia	华北、西北、华中、华东
131			山杏	Armeniaca sibirica	东北、华北
132			花楸树	Sorbus pohuashanensis	东北、华北、西北
133		蓝果树科 Nyssaceae	喜树	Camptotheca acuminata	南方
134		八角枫科 Alangiaceae	八角枫	Alangium chinense	西北、华中、华东、华南、西南
135		紫葳科 Bignoniaceae	楸	Catalpa bungei	华北、华中、华东、西北
136		山茱萸科 Cornaceae	山茱萸	Cornus officinalis	华北、西北、华中、华东
137			红瑞木	Swida alba	东北、华北、华中、华东
138		杨柳科 Salicaceae	灰胡杨	Populus pruinosa	西北
139	常绿灌木	柏科 Cupressaceae	高山柏	Sabina squamata	西南
140			叉子圆柏	Sabina vulgaris	西北
141		豆科 Leguminosae	锦鸡儿	Caragana sinica	全国
142			黄槐决明	Cassia surattensis	华南
143			木豆	Cajanus cajan	南方
144		木樨科 Oleaceae	女贞	Ligustrum lucidum	华中、华东
145			浓香茉莉	Jasminum odoratissimum	华中、华南、华东、西南
146			野迎春	Jasminum mesnyi	西南
147		金缕梅科 Hamamelidaceae	蚊母树	Distylium racemosum	华东、华南
148		卫矛科 Celastraceae	胶东卫矛	Euonymus kiautschovicus	西北、华中、华南

续表

序号	植物类型	科	中文名	拉丁名	应用区域
149	落叶灌木	无患子科 Sapindaceae	车桑子	Dodonaea viscosa	西南、华南
150			文冠果	Xanthoceras sorbifolium	东北、华北、华中
151		夹竹桃科 Apocynaceae	夹竹桃	Nerium oleander	南方
152			软枝黄蝉	Allamanda cathartica	华东、华南
153		茜草科 Rubiaceae	栀子	Gardenia jasminoides	南方、华北、西北
154		桃金娘科 Myrtaceae	桃金娘	Rhodomyrtus tomentosa	华南、西南
155		冬青科 Aquifoliaceae	枸骨	Ilex cornuta	华中、华东
156		藜科 Chenopodiaceae	四翅滨藜	Atriplex canescens	西北
157			盐爪爪	Kalidium foliatum	东北、华北、西北
158		苏木科 Caesalpiniaceae	伞房决明	Senna corymbosa	华东
159		忍冬科 Caprifoliaceae	接骨木	Sambucus williamsii	全国（除新疆）
			六道木	Abelia biflora	华北
160		木樨科 Oleaceae	迎春	Jasminum nudiflorum	全国
161			紫丁香	Syringa oblata	北方
162			辽东水蜡树	Ligustrum obtusifolium suave	东北、华东
163			小蜡	Ligustrum sinense	南方
164		豆科 Leguminosae	胡枝子	Lespedeza bicolor	全国
165			紫穗槐	Amorpha fruticosa	全国
166			多花木蓝	Indigofera amblyantha	华北、西北、华中、华东、西南
167			紫荆	Cercis chinensis	华北、南方
168			白刺花	Sophora davidii	全国
169			鸡冠刺桐	Erythrina crista-galli	华南、西南
170			截叶铁扫帚	Lespedeza cuneata	华北、西北、南方

续表

序号	植物类型	科	中文名	拉丁名	应用区域
171	落叶灌木	马桑科 Coriariaceae	马桑	Coriaria nepalensis	西北
172		鼠李科 Rhamnaceae	酸枣	Ziziphus jujuba var. spinosa	华北、西北
173		山矾科 Symplocaceae	白檀	Symplocos paniculata	东北、华北、华中、华南、西南
174		茄科 Solanaceae	枸杞	Lycium chinense	全国
175		胡颓子科 Elaeagnaceae	沙棘	Hippophae rhamnoides	华北、西北、华南
176			银色野牛果	Shepherdia argentea	西北
177		蔷薇科 Rosaceae	华北珍珠梅	Sorbaria kirilowii	华北、西北
178			野蔷薇	Rosa multiflora	华北、华东
179		省沽油科 Staphyleaceae	野鸦椿	Euscaphis japonica	华东
180		杨柳科 Salicacea	沙柳	Salix cheilophila	西北
181			黄柳	Salix gordejevii	西北、东北
182		马鞭草科 Verbenaceae	蔓荆	Vitex trifolia	华中、华东、西北
183			荆条	Vitex negundo var. heterophylla	华北、华中、华东、西南
184		萝藦科 Asclepiadaceae	杠柳	Periploca sepium	西北、东北、华北、华中
185		蓼科 Polygonaceae	沙拐枣	Calligonum mongolicum	西北
186		千屈菜科 Lythraceae	紫薇	Lagerstroemia indica	华南
187		锦葵科 Malvaceae	木槿	Hibiscus syriacus	华北、西北、华东、华南

表 5-2　　常用草本植物名录

序号	植物类型	科	中文名	拉丁名	应用区域
1	多年生草本	禾本科 Poaceae	高羊茅	Festuca elata	西南
2			野牛草	Buchloe dactyloides	西北、华北、东北
3			紫羊茅	Festuca rubra	西北、华北、东北、华中、西南
4			林地早熟禾	Poa nemoralis	西北、华北、东北、西南
5			草地早熟禾	Poa pratensis	西北、华北、东北、华东、西南
6			加拿大早熟禾	Poa compressa	华北
7			西伯利亚剪股颖	Agrostis sibirica	西北、华北、东北、华东、西南
8			无芒雀麦	Bromus inermis	西北、华北、东北、西南
9			马尼拉草	Zoysia matrella	华南
10			香根草	Vetiveria zizanioides	华中、华东、华南
11			碱茅	Puccinellia distans	东北、华北、华中、西南
12			芒草	Miscanthus	华南、西南、华中、华东
13			黑麦草	Lolium perenne	全国
14			百喜草	Paspalum notatum	西北、华北
15			结缕草	Zoysia japonica Steud	东北、华北、华东、华南
16			细叶结缕草	Zoysia tenuifolia	南部
17			沟叶结缕草	Zoysia matrella	华南
18			假俭草	Eremochloa ophiuroides	华东、华中、西南、华南
19			狗牙根	Cynodon dactylon	华北、南方
20			羊草	Leymus chinensis	东北、华北、西北
21			冰草	Agropyron cristatum	东北、华北、西北
22			沙生冰草	Agropyron desertorum	华北
23			披碱草	Elymus dahuricus	东北、华北、西北、华中
24			地毯草	Axonopus compressus	华南、西南
25			沙生针茅	Stipa glareosa	华北、西北
26			宽叶雀稗	Paspalum wetsfeteini	西南、华南、华东

续表

序号	植物类型	科	中文名	拉丁名	应用区域
27	多年生草本	禾本科 Poaceae	双穗雀稗	Paspalum paspaloides	华东、华中、西南
28			弓果黍	Cyrtococcum patens	华南、西南
29			铺地黍	Panicum repens	华南、华东
30			两耳草	Paspalum conjugatum	华南、西南
31			竹节草	Chrysopogon aciculatus	华南、西南
32			芨芨草	Achnatherum splendens	西北、东北
33			细穗草	Lepturus repens	南方
34		旋花科 Convolvulaceae	马蹄金	Dichondra repens	南方
35		景天科 Crassulaceae	垂盆草	Sedum sarmentosum	北方、华东、华中、西南
36			佛甲草	Sedum lineare	西北、华北、南方
37		五加科 Araliaceae	天胡荽	Hydrocotyle sibthorpioides	西北、华北、南方
38		百合科 Liliaceae	天门冬	Asparagus cochinchinensis	华北、华中、西北
39		芸香科 Rutaceae	白鲜	Dictamnus dasycarpus	北方、西南
40		豆科 Leguminosae	白车轴草	Trifolium repens	全国
41			斜茎黄耆	Astragalus austrosibiricus	东北、华北、西北、西南
42			兴隆山棘豆	Oxytropis xinglongshanica	西北
43			紫苜蓿	Medicago sativa	全国
44			直立黄耆	Astragalus adsurgens	东北、华北、西南、西北
45			野豌豆	Vicia sepium	西南、西北
46			黄耆	Astragalus membranaceus	东北、华北、西北
47			绣球小冠花	Coronilla varia	东北
48			百脉根	Lotus corniculatus	西北、西南
49			杂三叶	Trifolium hybridum	华北、华中
50			铺地蝙蝠草	Christia obcordata	华南
51			猪屎豆	Crotalaria pallida	华东、华中、华南、西南
52		莎草科 Cyperaceae	白颖薹草	Carex duriuscula subsp. rigescens	东北、华北、西北
53			异穗薹草	Carex heterostachya	东北、华北、西北
54					

续表

序号	植物类型	科	中文名	拉丁名	应用区域
55	多年生草本	鸭跖草科 Commelinaceae	吊竹梅	Zebrina pendula	华东
56		蔷薇科 Rosaceae	蛇莓	Duchesnea indica	华北、西北、南方
57		马鞭草科 Verbenaceae	过江藤	Phyla nodiflora	华中、华东、西南
58		百合科 Liliaceae	天门冬	Asparagus cochinchinensis	华北、华中、西北
59		报春花科 Primulaceae	临时救	Lysimachia congestiflora	华中、华东
60		菊科 Asteraceae	冷蒿	Artemisia frigida	东北、华北、西北
61			藏沙蒿	Artemisia wellbyi	西南
62		蓼科 Polygonaceae	火炭母	Polygonum chinense	华中、华东、华南、西南
63		酢浆草科 Oxalidaceae	酢浆草	Oxalis corniculata	全国
64		桔梗科 Campanulaceae	半边莲	Lobelia chinensis	南方
65	一二年生草本	豆科 Leguminosae	草木犀	Melilotus officinalis	东北、华南、西南
66		菊科 Asteraceae	金鸡菊	Coreopsis basalis	全国
67			大籽蒿	Artemisia sieversiana	东北、华北、西北、西南
68			秋英	Cosmos bipinnatus	全国
69		十字花科 Brassicaceae	诸葛菜	Orychophragmus violaceus	华北、西北、华东、华中
70	一年生草本	蓼科 Polygonaceae	杠板归	Polygonum perfoliatum	全国
71					
72			沙米	Agriophyllum squarrosum	东北、华北、西北
73		鸭跖草科 Commelinaceae	鸭跖草	Commelina communis	华北、东北、南方
74		苋科 Amaranthaceae	沙蓬	Agriophyllum squarrosum	东北、华北、西北

表 5-3　　常用藤本植物名录

序号	植物类型	科	中文名	拉丁名	应用区域
1	常绿藤本	豆科 Leguminosae	食用葛	Pueraria edulis	西南
2			密花豆	Spatholobus suberectus	华南、西南
3			常春油麻藤	Mucuna sempervirens	西南、华南、华中
			香花崖豆藤	Millettia dielsiana	西南、华南、华中
4		卫矛科 Celastraceae	扶芳藤	Euonymus fortunei	华东、华中、西南
5		五加科 Araliaceae	中华常春藤	Hedera nepalensis	西北、华北、南方
6			洋常春藤	Hedera helix	华南
7		夹竹桃科 Apocynaceae	石血	Trachelospermum jasminoides var. heterophyllum	西北、华北、南方
8		茜草科 Rubiaceae	钩藤	Uncaria rhynchophylla	华南、西南、华中
9			蔓九节	Psychotria serpens	华东、华南
10		海金沙科 Lygodiaceae	海金沙	Lygodium japonicum	华南、华东、西南
11		桑科 Subfam	藤构	Broussonetia kaempferi	华南、华中
12	落叶藤本	葡萄科 Vitaceae	爬山虎	Parthenocissus tricuspidata	东北、华北、华中、华东、西南
13		忍冬科 Caprifoliaceae	金红久忍冬	Lonicera×heckrotti	全国
14			垂红布朗忍冬	Lonicera×brownii	北方
15		菝葜科 Smilacaceae	菝葜	Smilax china	华北、南方
16		毛茛科 Ranunculaceae	铁线莲	Clematis florida	华中、华南

续表

序号	植物类型	科	中文名	拉丁名	应用区域
17	木质藤本	防己科 Menispermaceae	木防己	Cocculus orbiculatus	东北、华北、南方（除西藏）
18			千金藤	Stephania japonica	华东、华中、西南
19		紫葳科 Bignoniaceae	凌霄	Campsis grandiflora	华北、西北、南方
20		葡萄科 Vitaceae	五叶地锦	Parthenocissus quinquefolia	东北、华北
21			扁担藤	Tetrastigma planicaule	华南、西南
22			蛇葡萄	Ampelopsis sinica	华中、华东
23		毛茛科 Ranunculaceae	小木通	Clematis armandii	西南、华中、华南
24		木通科 Lardizabalaceae	木通	Akebia quinata	华东、华中
25			五月瓜藤	Holboellia angustifolia	西南
26			野木瓜	Stauntonia chinensis	华南、华中、西南
27		卫矛科 Celastraceae	小叶扶芳藤	Euonymus fortune var. radicans	华北、西北、华中、华东、西南
28		桑科 Moraceae	薜荔	Ficus pumila	华东、华南

第六章

抽水蓄能电站绿色生态建设典型设计方案

第一节　总体绿色生态设计策略

生态恢复是启动或加速恢复一个健康、完整和可持续生态系统的行为。基于抽水蓄能电站的功能复杂、工程创面大、恢复难度高等特点，尝试以植物群落的构建为生态恢复的核心手段，即用活的植物，单独用植物或者植物与土木工程和非生命的植物材料相结合，以减轻创面的不稳定性和侵蚀，重建其景观生态空间单元，提高其基本生产力和稳定性，并将人类活动对于景观演化的影响导入良性循环。

同时，积极考虑不同景观斑块间的连接性，必要时通过构建景观生态廊道，建立扰动区绿色生态防护体系，改善生态景观破碎化状况，来加强物质流动，促进重建后的生态斑块、原生自然斑块及扰动区周围区域形成完整的生态系统。根据抽水蓄能电站大坝、料场、渣场、隧道洞口、道路、地面开关站等功能部位需求和立地条件，明确各区域绿色生态建设的目的，从生物群落特征的视角来科学地选择植物种类和物种配置。

第二节　大坝绿色生态建设典型设计方案

一、限制性因素分析

上、下水库大坝为抽水蓄能电站工程枢纽区的重要构筑物，可分为主坝和副坝，建设过程中形成了大量以裸露坝体为主的创面。在高降雨地区，土质大坝极易受到雨水冲刷、自然风化的侵蚀，而常见的混凝土大坝或干砌石大坝不具备植被形成所必需的土壤环境及养分条件，且坝型、坝高、坡脚坡率、坡向等均会对绿色生态建设有较大影响，整体绿化难度较大。

二、典型设计策略

1. 设计范围

（1）排水设计。

（2）坝顶、坝面（包括迎水坡和背水坡）、马道绿化设计。

2. 大坝排水设计

大坝排水主要包括坡面纵向排水沟渠、坡脚排水沟的设计。大坝排水布置图如

图 6-1 所示。

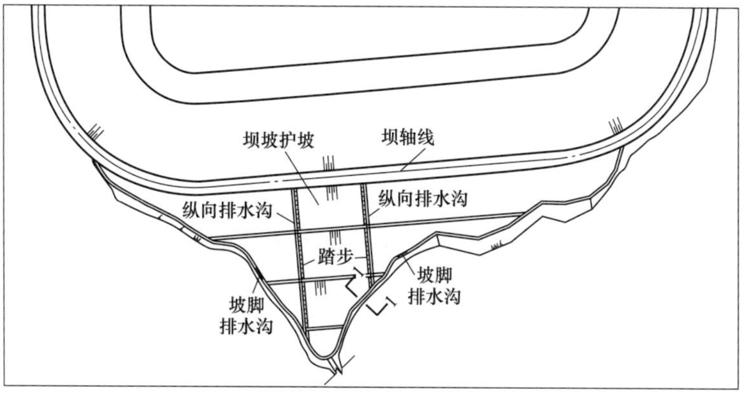

图 6-1　大坝排水布置图

参考在建及已建工程，大坝下游坡脚处的防护设计包括坡脚排水沟断面设计和坝脚排水棱体断面设计。经调研，山西西龙池抽水蓄能站上、下水库，呼和浩特抽水蓄能电站上水库，丰宁抽水蓄能电站水库大坝上游坡脚排水沟采用浆砌石梯形断面取得了较好的效果。根据调研成果和要求，本书以设计大坝下游坡脚排水沟采用钢筋混凝土结构为例，梯形断面如图 6-2 所示。

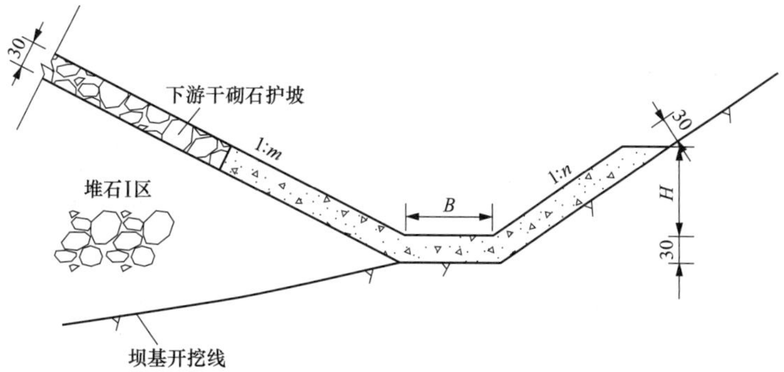

图 6-2　大坝下游坡脚排水沟梯形断面图（单位：cm）

参照在建及已建抽水蓄能项目，排水棱体多采用梯形断面，如图 6-3 所示。

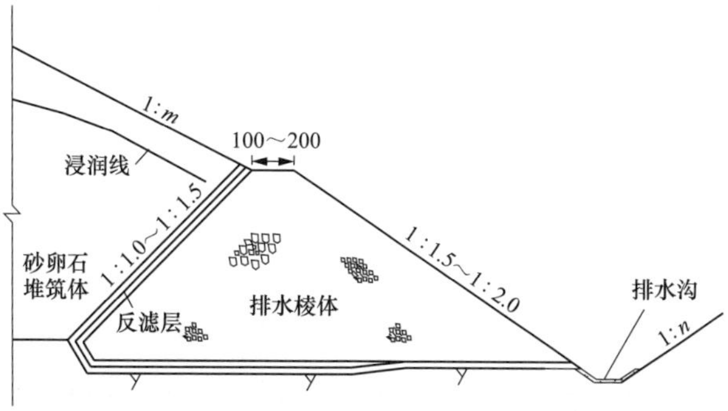

图 6-3　排水棱体典型断面图（单位：cm）

3. 大坝绿化设计总体原则

大坝生态绿化设计应按照坝面（区分迎水坝、背水坝）、坝顶、坝脚、马道和戗台等部位根据实际情况布设林草措施，具体设计应参照 GB/T 18337.3《生态公益林建设技术规程》执行。

坝面绿化时，首先根据坝体结构、物质组成、坝高、坡向等判断是否具备植被直接种植的条件，然后区分迎水坡和背水坡进行设计，前者优先考虑常水位之上坝面进行绿化，水位以上迎水坡及背水坡宜铺设草皮或低矮匍匐型草种，种植条件差的可采用藤本植物护坡。护堤地选择速生乔灌木树或乔草结合，树草种类宜根据工程运行管理要求和立地条件分析选定，坝后低湿地造林宜选择耐水湿、耐盐碱的树种。

工程管理范围内可绿化区域林草措施应结合景观要求配置。布设不应影响水利水电工程防洪安全，并应符合相关技术标准对工程周边植被配置的规定。

4. 典型设计方案

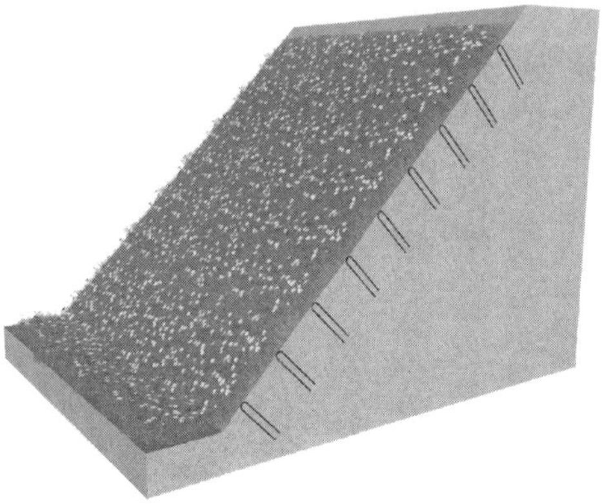

图 6-4　铺草皮护坡三维图

（1）土坝在不影响坝体结构的前提下，可采用植草、铺草皮、局部布设灌木点缀达到绿化和美化的目标（如图 6-4 所示），坡率较大时可结合网格梁防护施展（如图 6-5、图 6-6 所示）。土壤母质层较厚的坡面、土质填埋坡面和覆土坡面，可采用鱼鳞坑、反坡梯田、水平阶及水平沟进行整地在此基础上布设种植点。

（2）干砌石坝面可在坝面覆土 30cm 后进行铺草皮绿化，同时间种草本花卉增强坝面的立体观赏性。参考在建和已建的实际工程，在部分植物自主恢复能力强的地区，依靠当地植物的自然演替就能实现干砌石坝面的绿化。

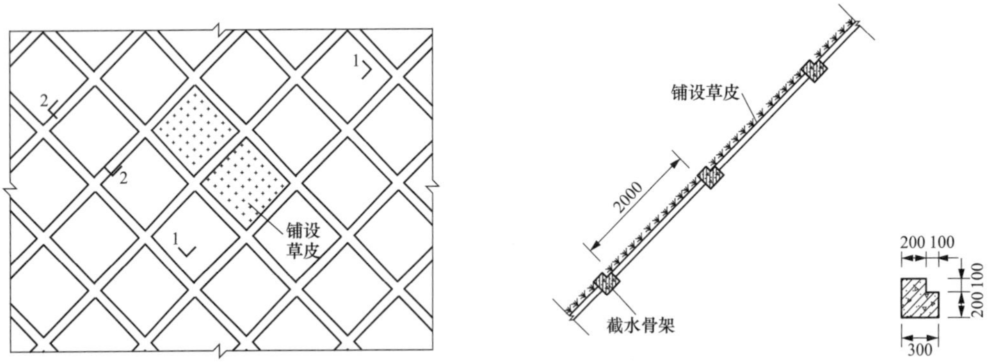

(a) 网格梁护坡平面布置图　　(b) 1－1剖面图　　(c) 2－2剖面图

图 6-5　网格梁护坡（单位：mm）

（3）混凝土重力坝等坡面没有直接种植条件的坝面，设计采用飘台型种植槽（如图

6-7 所示)、钢筋混凝土植生槽(如图 6-8 所示)、延伸混凝土种植槽(如图 6-9 所示)或挖沟植草等方式进行坝面绿化。典型做法可沿垂直方向每 5m 高设 1 道种植槽,由坝体延伸钢筋加固,混凝土浇筑,槽内覆 20cm 厚的耕植土,种植爬山虎等藤本植物攀缘生长,以达到最终覆盖坡面的效果,同时在坝顶设斜向喷水管灌溉(如图 6-10 所示)。

图 6-6　网格梁护坡三维图

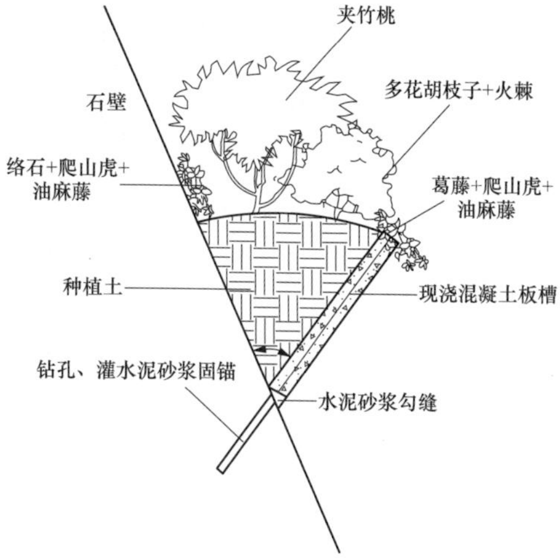

图 6-7　飘台型种植槽

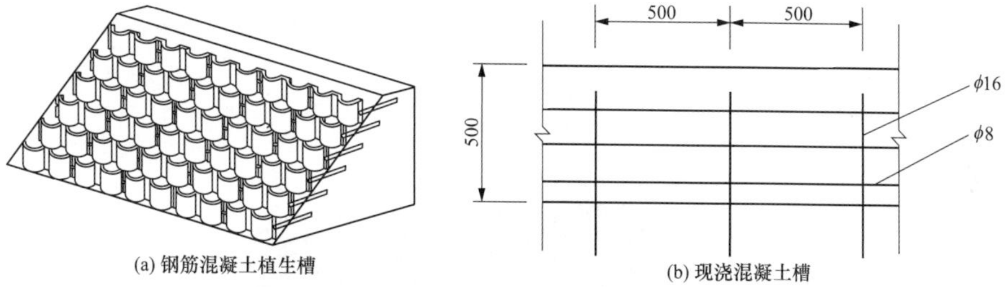

图 6-8　钢筋混凝植生槽(单位:mm)

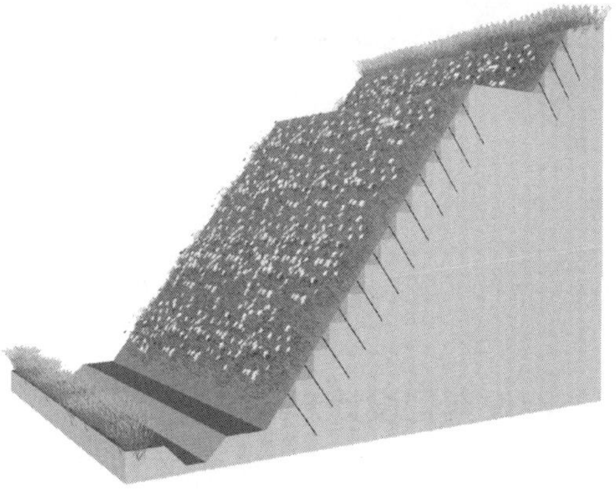

图 6-9　延伸混凝土种植槽三维图

图 6-10　分级植生槽三维图

（4）坝顶、坝脚及马道等较缓地带可直接栽植植物，无直接栽植条件的，可浇筑种植槽实施植苗绿化（如图 6-11、图 6-12 所示）。

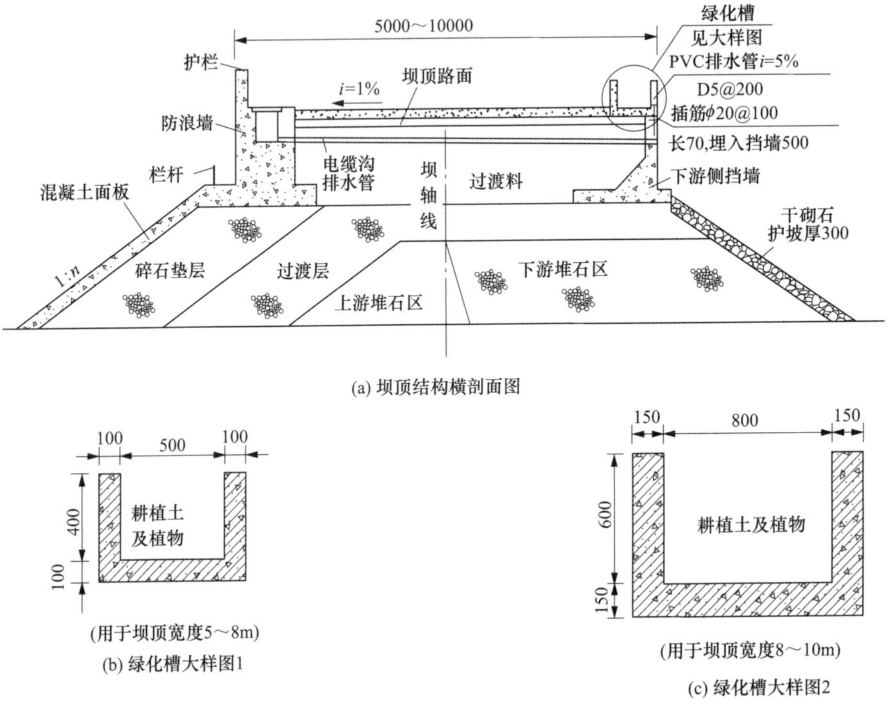

图 6-11　坝顶绿化槽设计（单位：mm）

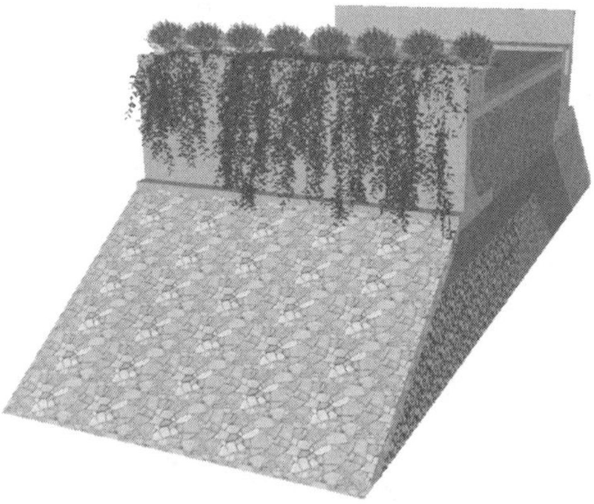

图 6-12　坝顶绿化槽三维设计图

（5）高陡岩质坝面可采用燕巢模式、鱼鳞填坑栽植攀援法、挂金属栽植笼等方式绿化。

第三节　料场绿色生态建设典型设计方案

一、限制性因素分析

料场是对提供工程建设所需土 、石、砂等天然建筑材料开采场地的总称，按采料用途可分为土料场、石料场和砂砾石料场等。堆料期间要注意坡体的稳定性，防止滑坡。而料场开采后会破坏地表植被，且表层土壤往往已经剥离，岩石裸露，坡面自然风化的土壤颗粒很难留存，无法直接进行种子撒播或者种植植物绿化。

二、典型设计策略

1. 设计范围

（1）坡体稳定设计。

（2）料场坡面绿化。

2. 料场绿化设计总体原则

（1）料场分为石料场和土料场。应根据覆盖层厚度及组成、土地利用现状、后期利用方向布设土地整治、必要的表土剥离及防护措施。

（2）对于稳定性差的岩石坡面应采取喷浆固坡、锚杆支护、喷锚加筋支护等防护措施。

（3）应根据料场当地降水条件和周边来水情况布置截排水设施，临时堆土（料）场、料场等对周围造成水土流失危害的，应采取临时拦挡措施，临时拦挡措施布设应满足下列要求。

1）临时防护工程包括拦挡、排水、苫盖和绿化。

2）临时拦挡措施型式包括袋装土（石渣）、砌石、砌砖墙、修筑埂和钢围挡等，应结合具体情况选定。

3）临时防护工程应在主体工程及施工组织设计分析评价的基础上，根据裸露地表的时间、地域、降雨等确定相应的防护措施，宜简便易行，注重永久和临时结合。

（4）在土地整治基础上确定整地方式、方法和林草种植方法。

1）以土为主的地块应全面整地，直接种植林草。

2）以碎石为主的地块，且无覆土条件时，可采用穴状整地，栽植带土球苗、容器苗或在种植穴内填注客土后栽植树苗。土壤来源困难的，可对用塘泥、岩石风化物等代替。

3）开挖形成的裸岩地块，无覆土条件时，可采取爆破整地、形成植树穴并采用带土球苗、容器苗、客土造林，或填注塘泥、岩石风化物等造林。

4）料场开采产生高陡边坡（1∶1～1∶0.35）时，宜采取客土绿化、喷播绿化、生态植生袋等林草措施。

3. 典型设计方案

在规划初期应综合考虑料场的区位，根据后期利用方向布设土地整治、复耕和植被恢复措施。规划位于淹没区的料场在水库蓄水后将会被全部淹没，可不作措施，或在表面进行干砌石防护措施防止后续水利工程建设期间料场表面水土流失。规划位于消落区的料场可在正常水位以上1.5m处设置宽2.0m的马道。马道以下的坡面部位采用干砌石护坡（如图6-13、图6-14所示），以上部位采用网格梁植草护坡、土工格室植草护坡（如图6-15所示）、镀锌网植草护坡等。

地面料场开采前应做好表土剥离工作，并根据具体情况布设临时拦挡 、覆盖、排水等措施。石料场应采取分台阶开采方式，尽量结合原有分级马道，完善坡面分级马道系统，分级布置坡面种植槽（如图6-16所示）。极端陡坡可在岩面开凿种植槽，种植藤

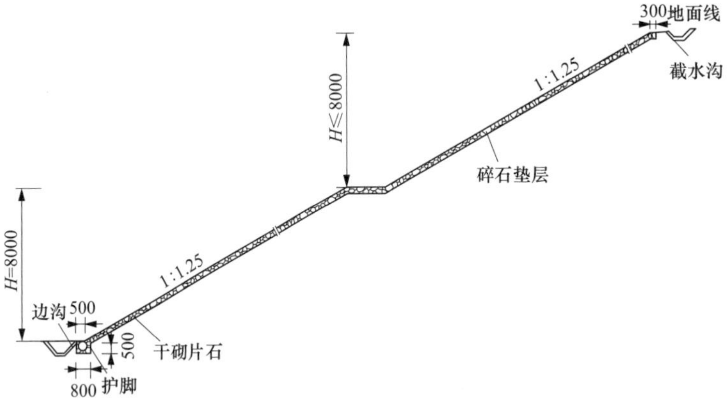

图 6-13　干砌片石护坡横断面图（单位：mm）

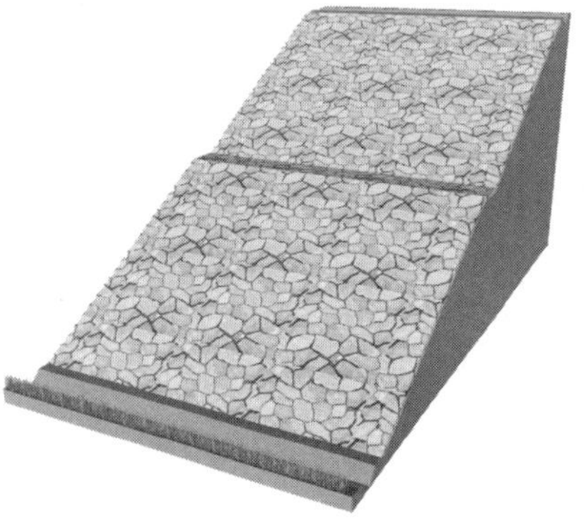

图 6-14　干砌片石护坡三维设计图

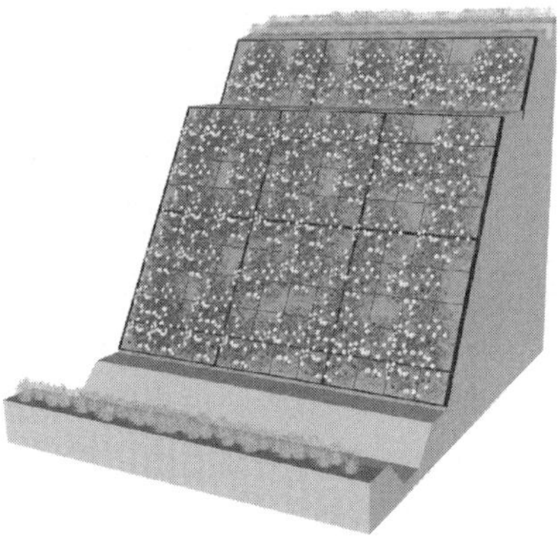

图 6-15　土工格室植草护坡三维设计图

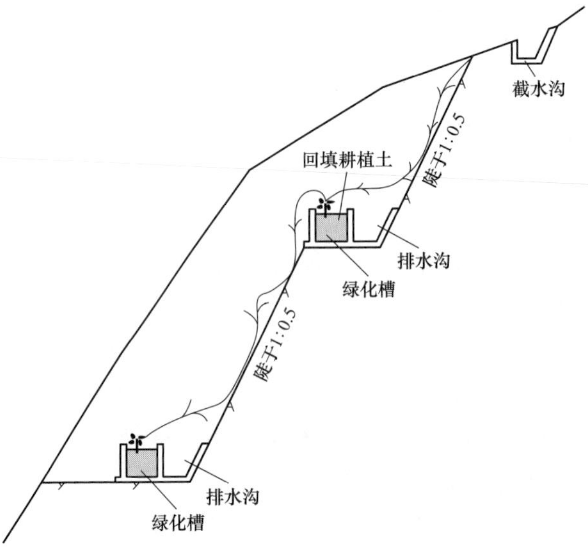

图 6-16　马道种植槽绿化示意图

本进行绿化（如图 6-17 所示）。不能采用台阶式开采的，应当自上而下分层顺序开采。对于稳定性差的岩石坡面可通过挂主动防护网等形式进行基础防护，坡率大于 1：1.5 结合客土喷播植草进行绿化（如图 6-18 所示）。

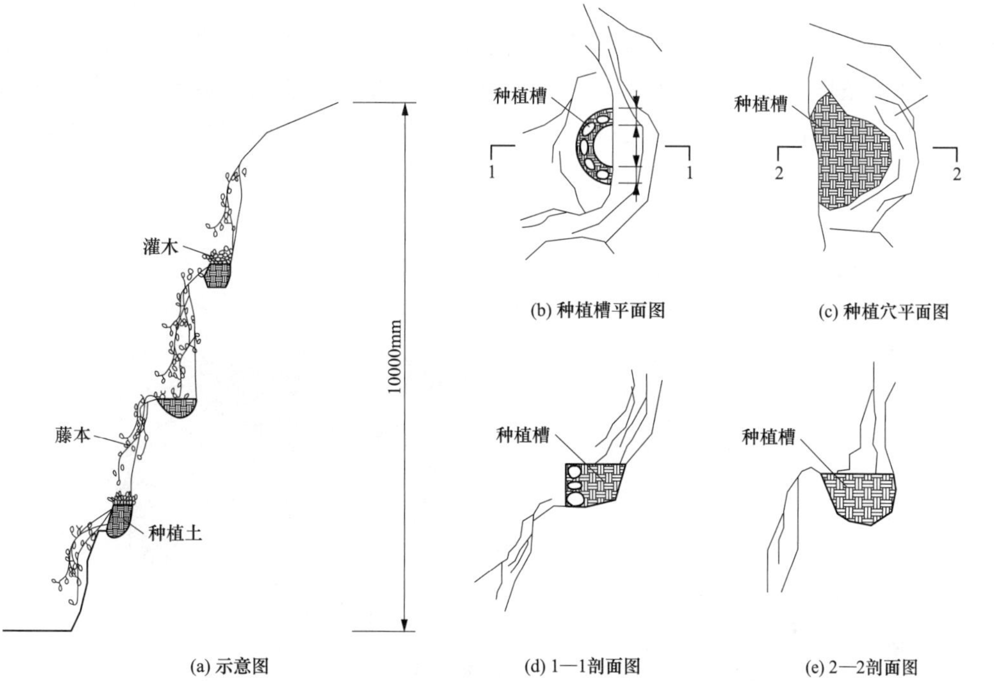

图 6-17　岩面垂直绿化

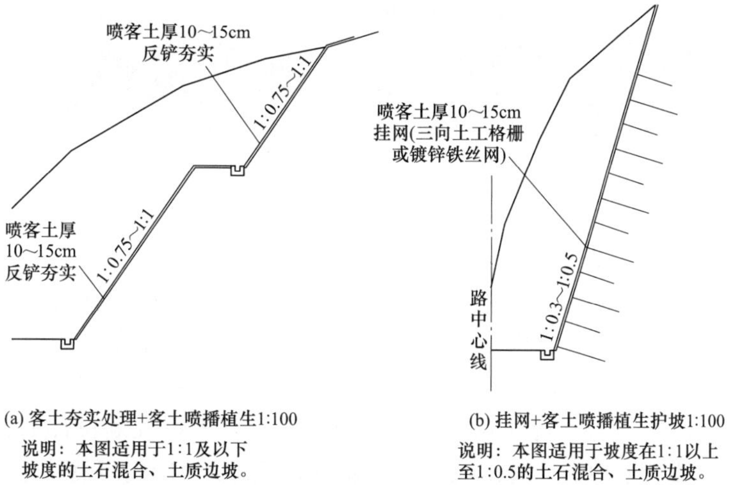

图 6-18　客土喷播植生护坡

第四节　渣场绿色生态建设典型设计方案

一、限制性因素分析

抽水蓄能电站的弃渣场是电站建设过程中开挖的废弃土石方的集中堆放地。根据地形条件，抽水蓄能电站一般选择容量较大的冲沟、凹地、缓坡地等作为弃渣场，按渣场所处的地形条件、相对位置关系，一般划分为库区型、沟道型、坡地型、临河型等渣场。具有占地面积广、弃渣量大等特点，是产生水土流失的主要区域，容易造成面侵、沟蚀、冲蚀、崩塌、滑坡、泥石流等危害，且常常土壤贫瘠，不具备植被自然生长的物质条件。

渣场绿色生态建设的难点如下：

沟蚀崩塌泥石流等危害如图 6-19 所示。

(a) 沟蚀　(b) 崩塌　(c) 滑坡　(d) 泥石流

图 6-19　沟蚀崩塌、泥石流等危害

1. 地面组成物质复杂，变化大

抽水蓄能电站弃渣来源主要为枢纽工程的大坝坝基、坝肩开挖和引水发电工程的输水系统、厂房开挖，弃渣量占电站总弃渣量的 60%以上。抽水蓄能电站的弃渣以废弃土方为主，主要为覆盖层剥离物、风化及半风化岩体料。弃渣场动用的土石量较大，大量松散的覆盖层表土和岩石碎块从开挖面剥离，搬运到工程规划设计的弃渣场重新堆积，重塑地形后改变了地面原有组成物质，破坏了弃渣场范围内自然状态下的稳定与平衡，导致土壤的保水性能降低，抗蚀性、抗冲性减弱。

2. 弃渣物理结构和粒径不均匀

弃渣往往是由石渣和心土组成的混合物，土壤物理结构严重不良，部分弃渣粒径大且不均匀，粗粒含量较多，短期内自然风化粉碎困难，松散堆积，空隙大，持水能力极差，改变土壤中水流和坡面径流的流向及关联性，加上无植被覆盖，土壤水分含量低，干旱现象普遍。

3. 弃渣土壤肥力贫瘠，养分不平衡

弃渣土壤中一般均缺少 N、P、K 和有机质，这些元素的含量往往低于植物正常生长所需量，不利于植物生长。例如，弃渣的 pH 值具有不稳定性，部分弃渣呈碱性，部分呈酸性。大多数植物适宜生长在中性土壤环境中，当弃渣呈碱性时，可使植物枯萎，若呈酸性时则抑制植物生长。

二、典型设计策略

（一）设计范围

（1）挡护工程设计。

（2）排洪排导工程。

（3）渣面、渣顶、坡脚的绿化设计。

（二）总体原则

（1）渣场的生态设计应按照永久渣场与临时渣场分别考虑，并考虑其日后改造用途进行相应的生态建设。

（2）渣场恢复应符合 NB/T 10491《水电工程施工组织设计规范》、NB/T 35120《水电工程施工总布置设计规范》和 NB/T 10509《水电建设项目水土保持技术规范》的有关规定。

（3）在渣体稳定性满足规定要求的基础上进行水土保持措施设计和绿化设计，主要包括坡脚、坡面防护、排洪排导工程、沉沙、基质改良和植被恢复等步骤，对于地形、地质条件适应性差的渣场，需首先采取挡护工程措施，主要要求如下：

1）渣场挡护、排水建筑物级别应根据渣场对应的级别选择，并按照 NB/T 35111《水电工程渣场设计规范》的规定确定。

2）渣场坡脚支挡结构应根据渣场布置型式、地质地形条件、防护要求、建筑材料来源等综合选定，可选用重力式、衡重式、悬臂式、扶壁式或加筋式等结构型式。

3）渣场截排水设计应根据渣场周围环境的水流特性，采取适宜的渣体外和渣体内截排水方式。前者包括在堆渣体顶部、周边及马道设置截排水措施。后者宜通过在渣体底部顺原始沟道或低洼地形设置的排水盲沟、排水涵管排至渣体外。

4）渣场坡面防护型式可采用堆石、干砌石、浆砌石、混凝土板块、框格梁、土工合成材料等，应结合渣场类型、洪水位、水流速度等综合选取。

（4）永久渣场水土恢复措施宜结合植物措施实施，注意合理搭配树种，采用喜光与耐阴混交，速生与缓生混交，乔、灌、草混交等多种方式，增强系统的稳定性。

1）渣顶等缓坡地段，可栽植乔灌木及撒播草种，同时可以适当考虑种植一些经济作物。

2）坡率较大时，可采用骨架防护进行客土绿化，参考表 4-3 的规定。需注意植物配置沿等高线布设，植物种植即不能过稀（起不到水土保持作用），又不能过密（过密引起水分不足，导致植株死亡），应采用宽行密植的办法解决这一矛盾。

3）弃渣场和工程侵蚀区基脚地段，可通过挖穴种植一些藤本植物，这样更有利于保水保土。

（5）施工前须进行表土剥离，设置专门的表土堆存场进行堆置，堆置过程中做好防护，可采取有机物质改良和生物改良等基质改良措施，改良土壤物理性质和肥力状况后作为施工后期绿化覆土。

（三）渣场生态绿化建设典型设计——渣场防护

以渣体稳定性满足规定要求为基础进行水土保持措施设计和绿化设计，参考在建及已建工程，渣场的防护设计主要包括坡脚挡护、坡面防护、排洪排导工程、沉沙、基质改良和植被恢复等步骤（如图 6-20、图 6-21 所示）。渣场防护设施应满足自身稳定及防洪标准要求，并应满足耐久性要求。

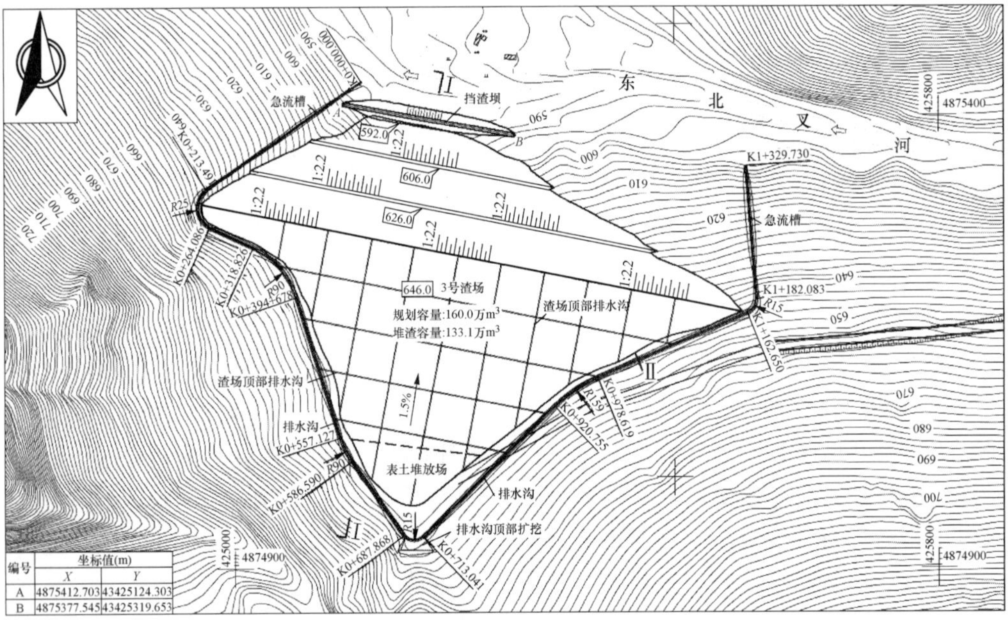

图 6-20　渣场防护平面布置图

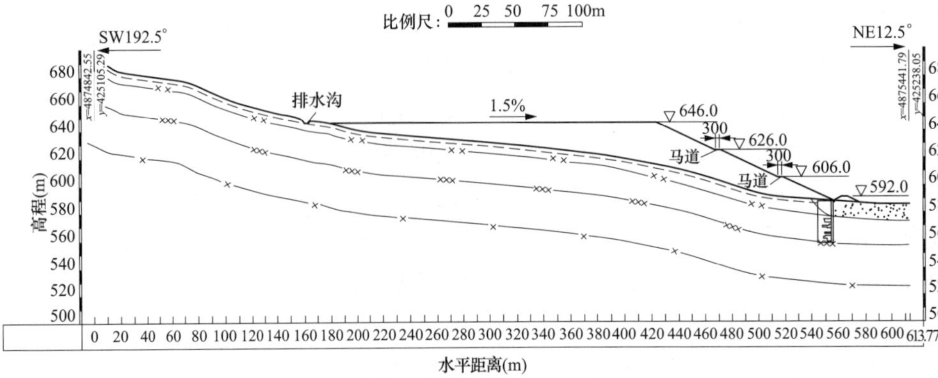

图 6-21　渣场防护设计布置图

1. 坡脚挡护

渣场坡脚一般采用挡渣墙支挡，其结构应根据渣场布置型式、地质地形条件、防护要求、建筑材料来源等综合选定，可选用重力式、衡重式、悬臂式、扶壁式或加筋式等结构型式。挡渣墙的构断面型式及尺寸应通过抗滑稳定、抗倾覆稳定和基底应力计算等确定。对于临江、临河侧渣场，挡渣墙的结构型式还应满足抗冲稳定要求（如图 6-22～图 6-24 所示）。

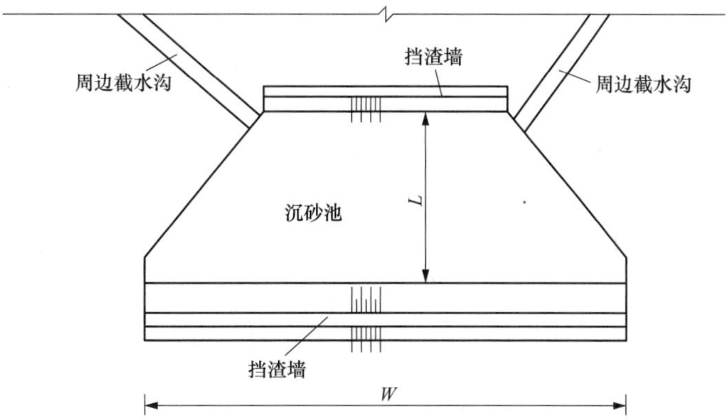

图 6-22　挡渣墙典型横断面

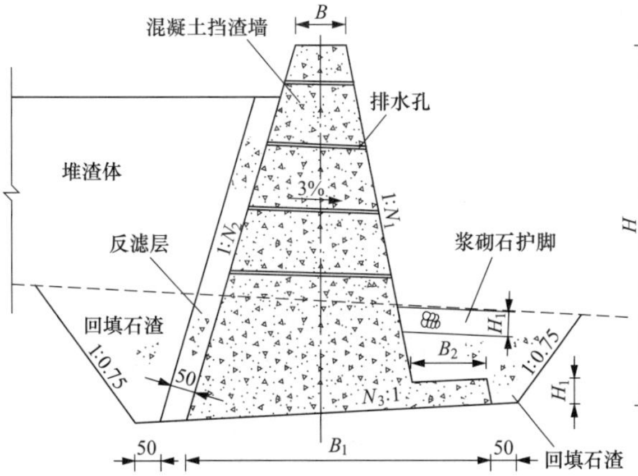

图 6-23　挡渣墙及沉砂池布置图（单位：cm）

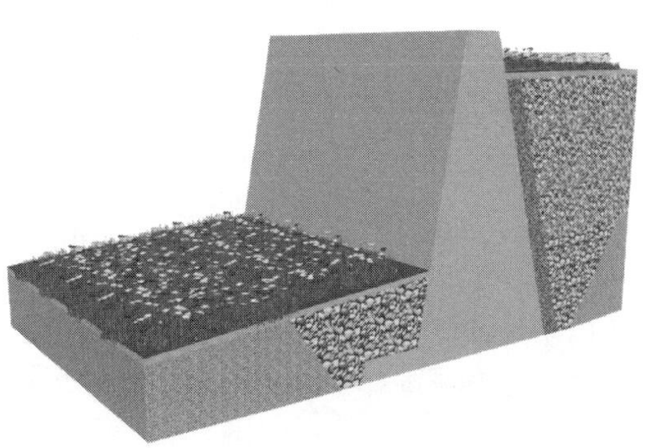

图 6-24　挡渣墙三维图

2. 排洪排导工程

根据各渣场的位置和水文情况及后期利用方向，采用临时或永久性排水措施。排水工程设计分为堆渣体表面排水和底部排水两种方式。其中，表面排水主要是在渣场周边和边坡上设置截水沟；底部排水则主要采取在堆渣体底部设置排水盲沟，防止渗水汇聚，影响堆渣体的稳定性，设计的截排水工程过流能力须满足设计洪峰流量要求。当上游沟水流量较大时，需要增加沟水处理措施，如拦挡坝、排导洞。

3. 基质改良

在废弃物堆置场，由于组成物质主要是剥离的表土、疏松土壤母质以及沙质岩土等，具有分散易侵蚀的特点。常常需要通过基质改良的手段改良土壤物理性质和肥力状况，使其满植被生长的条件，如化学改良、有机物质改良和生物改良等基质改良措施。可选用的有机肥料大体分为两类：一类为生物活性有机肥料，如动物粪便、人粪尿、鸟粪、污水污泥等；另一类为生物惰性有机肥料，如泥炭和泥炭类物质及其同各种矿质添加剂的混合。

（四）渣场生态绿化建设典型设计——坡面支护与绿化

同料场一样，对于渣场应在规划初期就考虑后期利用方向布设土地整治、复耕和植被恢复措施，并主要按照坡面、顶部、坡脚进行绿化。

渣场坡面防护型式根据渣场与常水位的关系进行选择（如图 6-25 所示）。迎水坡面水位消落区宜采用网格梁防护、浆砌石、石笼（如图 6-26 所示）等护坡形式。常水位以上的渣场坡面防护型式较为简单，一般采用干砌石、毛石垒砌等其他工程措施，继而可采用覆土铺草皮绿化。地面以上的渣场可采用网格梁植草防护、土工格室植草防护等常见的边坡防护，外露面覆土后撒播草籽，边坡可种植灌木。坡率较陡的可结合马道设置分级台阶式种植槽（如图 6-27、图 6-28 所示），种植攀援、垂挂类植物覆盖坡面。

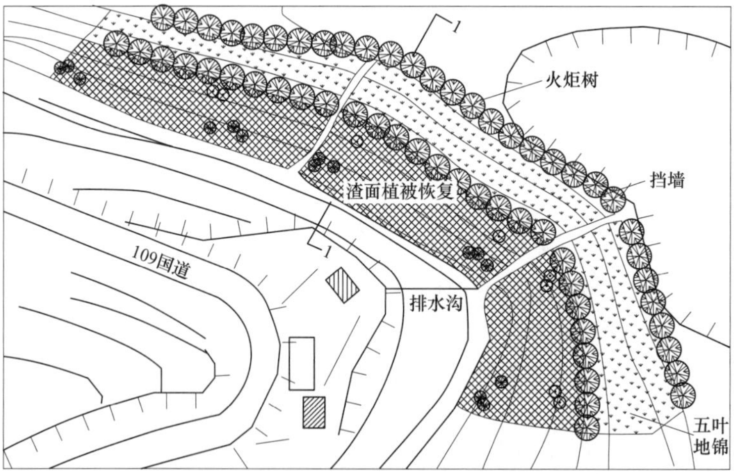

图 6-25　渣场生态防护平面布置示意图

渣场坡脚的拦渣坝及挡墙设计成台阶型，预留植树空间。渣场顶面较为平缓，植物选择空间较大，可栽植乔灌木及撒播草种，改造时充分考虑未来的利用方向，有针对性地采取复垦、园地建设等措施。

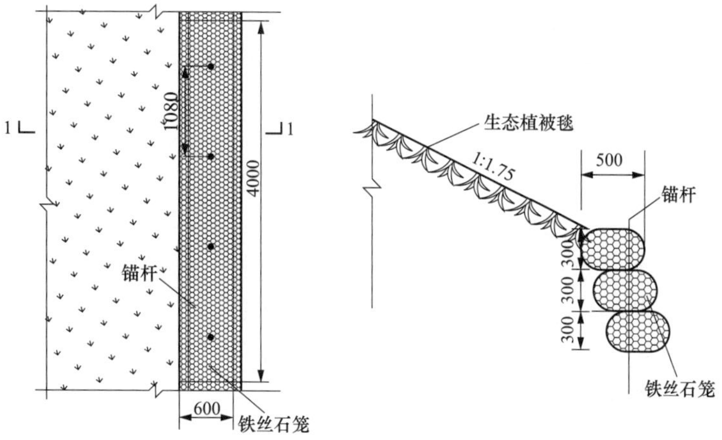

(a) 平面图　　(b) 1－1石笼护坡部面图

图 6-26　石笼坡脚防护

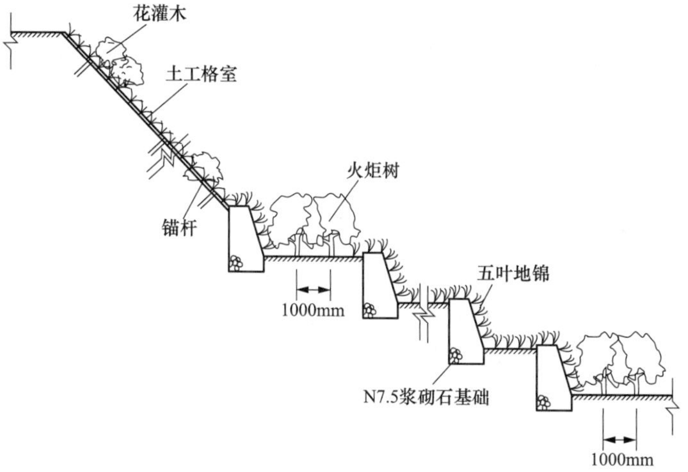

图 6-27　渣坡坡面分级态防护设计图（图 6-26 中 1-1 剖面图）

图 6-28　渣坡坡面分级态防护三维设计图

第五节 隧道洞口绿色生态建设典型设计方案

一、限制性因素分析

隧道洞口的绿化通常包括洞脸和洞口前场地，洞脸为交通运输洞的对外设施，形式应实用、经济、美观，有条件时尽可能在周围植树绿化，洞脸边坡常常具较陡的坡率甚至垂直，绿化难度大。同时还要考虑山体截水沟的开挖与砌筑、边坡的土方开挖与石方开挖、排水设施的铺设、洞身开挖前的支护、边坡土钉锚杆支护等工程的相互影响，洞口前的场地尤其注重景观性，可结合乔灌草、花灌木等进行绿化。

二、典型设计策略

（一）设计范围

（1）洞脸边坡绿化设计。

（2）洞口前场地绿化设计。

（二）总体原则

（1）应综合洞口地形、地质条件，合理选择绿化施工措施。隧洞口生态绿化设计时应进行必要的环境调查，包含以下内容：

1）隧道洞口所处的地理位置及朝向。

2）洞口所处的地形类型。

3）洞口周边植被的种类、高矮、疏密程度、地表径流的流向和流量等。

4）常年主导的风向、最低最高气温、日照、降水量、大雾天气等气候情况。

5）洞口周边的构筑物、居民点及人文环境。

（2）洞口边坡、仰坡顶面及其周围区域，应根据水文情况和地表径流情况设置排水沟、截水沟或急流槽等排水构筑物，并与路基排水工程、天然沟渠共同组成有效的综合排水系统。

（3）绿化工程实施前需考虑边坡的土方开挖与石方开挖、洞身开挖前的支护、边坡土钉锚杆支护等工程。

（4）利用植物措施解决裸露的土质、岩石隧道口坡面，美化隧道口的同时缓解风化现象和水土流失问题。

（5）绿化工程应尽量采用原地植被的物种或相近的种类。

1）在保证隧道口边坡坡体稳定的基础上，根据地质条件对边坡采用格构梁、植生槽等形式，进行客土绿化或结合种子喷播技术进行洞脸绿化。

2）绿化条件不佳时，采用攀援植物绿化技术，洞顶洞脚种植攀援植物进行洞脸、坡面的绿化。

（三）典型设计方案

按照隧道洞口前场地及洞脸边坡分别进行设计。洞脸边坡排水系统的设置是否合理和完善直接影响到边坡植草的生长环境，考虑水文的情况，洞口要结合排水工程设计截排水系统。土质及土石质边坡洞口的开挖边坡需根据不同的挖填高度采用不同的坡率，坡高超过10m的坡面每8m设一级平台，宽1m，防止崩岗滑坡。在保证隧道口边坡坡体稳定的基础上，按照坡面、坡脚进行设计。坡面较陡，需结合工程技术措施进行绿化防护，常用的如挂网+客土喷播、TBS喷播护坡（如图6-29、图6-30所示）、植生袋法（如图6-31、图6-32所示）等形式，均有较好的绿化效果，在坡脚局部的平缓土质地带开凿种植槽穴栽植花灌木、草花及攀援植物。

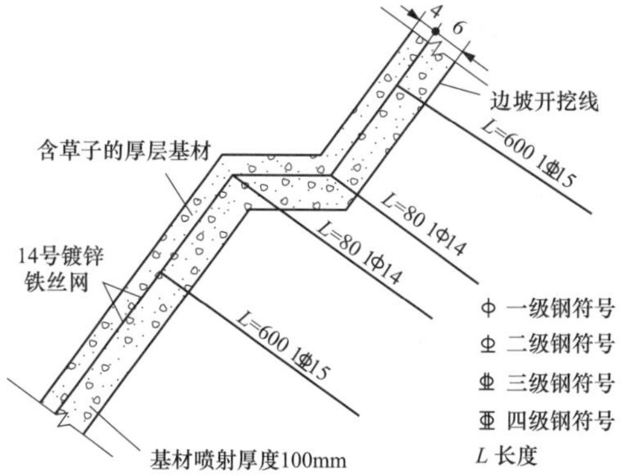

图6-29 TBS喷播护坡示意图（单位：mm）

注：钢筋符号左字表示数量，右字表示直径。

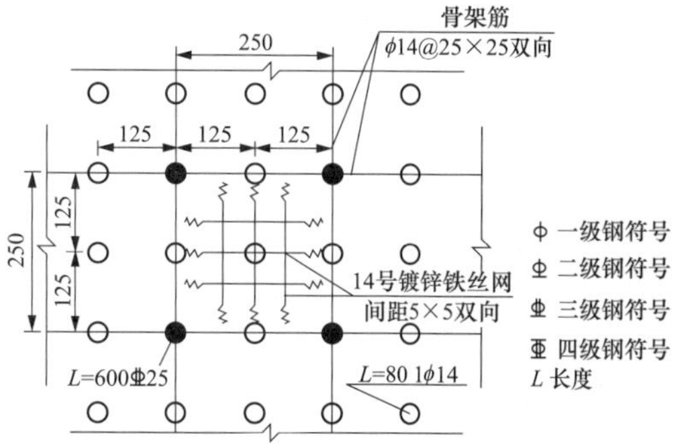

图6-30 TBS面板分布筋大样（单位：mm）

注：钢筋符号左字表示数量，右字表示直径。

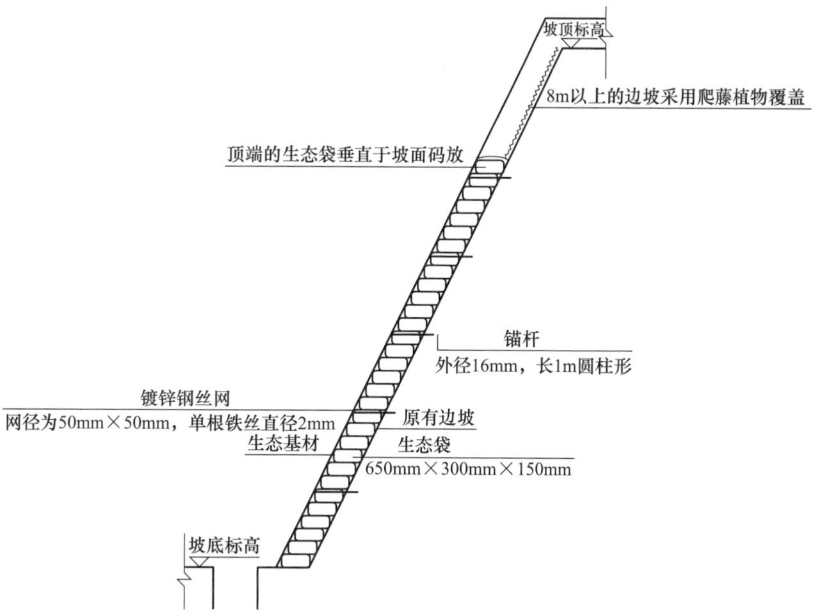

图6-31 常规植生袋典型护坡

隧道洞口前场地的绿化措施需要以满足交通安全视线为前提，以乔灌草的形式进行植物配置，适当突出色相变化，丰富视觉效果和景观特征，与边坡的交界处，可结合挡墙、网格梁等进行防护。

图 6-32　常规植生袋典型护坡三维设计图

第六节　道路绿色生态建设典型设计方案

一、限制性因素分析

道路作为工程区车辆和行人通行的基础设施，遍布广泛，限制条件多，需求复杂。首先，工程建设给道路边坡造成的裸露创面带来了水土流失、落石、坡体稳定性下降等风险。其次，按照物质组成类型可分为土质边坡、岩质边坡、土石混合边坡，加之坡率、坡向的综合影响，绿化难度大。第三，道路作为贯穿工程区各个区域的纽带，除了水土保持，其绿化生态建设还在景观效果、行车安全、指示等方面有更高的需求。

二、典型设计策略

（一）设计范围

（1）道路两侧（约 5m 范围内）绿化带设计。

（2）道路边坡坡面、坡脚、坡顶绿化设计。

（3）观景平台、停车场设计。

（二）总体原则

（1）水利水电道路生态设计需按照永久道路、临时道路加以区分，并按照路基两侧、边坡等部位分别设计实施方案。

（2）道路边坡按照物质组成可分为土质边坡、岩质边坡、土石混合边坡。

（3）因道路工程建造等原因造成坡体稳定性下降的需先进行支护工程。主要包括喷射混凝土护坡、挂网喷射混凝土护坡、锚杆挂网喷射混凝土护坡、砌体护坡、护面墙等措施。

1）砌体护坡可采用浆砌条石、块石、片石、卵石或混凝土预制块等作为砌筑材料，适用于坡率缓于 1∶1 的易风化的岩石和土质挖方边坡。

2）护面墙可采用浆砌条石、块石或混凝土预制块等作为砌筑材料，也可现浇素混凝土，适用于易风化或风化严重的软质岩石或较破碎岩石挖方边坡，以及坡面易受侵蚀的土质边坡。

(4) 边坡整体稳定但其坡面岩土体易风化、剥落或有浅层崩塌、滑落及掉块等时，应进行坡面防护，坡面防护应根据工程区域气候、水文、地形、地质条件、材料来源及使用条件采取工程防护和植物防护相结合的综合处理措施，并应考虑下列因素经技术经济比较确定：

1）坡面风化作用；

2）雨水冲刷；

3）植物生长效果、环境效应；

4）冻胀、干裂作用；

5）坡面防渗、防冲刷等需要；

6）其他需要考虑的因素。

(5) 边坡综合治理时，应根据地形地质条件因地制宜地进行边坡地表截水和排水系统设计。截、排水沟布置宜将地表水引至附近冲沟、边沟或河流中，避免形成冲刷。

(6) 植物防护与绿化工程设计应符合下列规定：

1）植物绿化设计应满足运行管理和功能要求，不影响交通安全；

2）永久道路区应选择抗污染、吸尘、降噪树种并兼顾景观要求；

3）植物选择宜选用易成活、生长快、根系发达的当地树/草种，植物配置方式和数量应根据植物的生长特点、防护要求、绿化目标及施工方法共同确定；

4）根据边坡的坡率和物质组成的不同，常用的边坡绿化生态措施包括铺草皮、三维植被网绿化、骨架植草绿化、液力喷播、客土喷播、TBS植被护坡等，适用范围见表6-1。

表6-1　　各类边坡支护及绿化方案适用范围表

序号	护坡绿化类型		适用坡率	适用支护型式	土（石）质
1	三维植被网护坡绿化设计		缓于1∶0.75	锚杆挂网喷射混凝土或挂网喷射混凝土	植物难于生长的土质和强风化软质岩石边坡
2	骨架植物护坡绿化设计	拱形、方格形、菱形、六边形骨架植草绿化设计	缓于1∶1	锚杆支护或无需支护	土质和全风化岩石边坡
		人字形、网格型截水骨架护坡			

（三）典型设计方案

根据工程区实际情况，首先对坡体、坡面地质风险进行整治，防止坡面基底不稳定造成如滑坡、崩塌、坍落等灾害，对稳定性差的道路边坡，实施松动块石的清理，并按照实际需求选择三维网、骨架防护、挡墙、台阶式分级石笼等支护措施（见表 6-1）。对于长边坡，坡顶、坡脚及马道均需设置排水沟，并应根据坡面水流量的大小考虑是否设置坡面排水系统。

1. 道路两侧绿化

道路两侧具有绿化空间的主要采用栽植行道树的形式，环库道路、开关站道路等对于景观要求较高的道路两侧，在道路满足行车通视需求的前提下，绿化时以行道树形式种植乔木、低矮花灌木，树下铺植草皮完成环路绿化美化。上、下水库连接道路，通过人工植被建设结合自然植被恢复和路边耕地、园地融为一体，沿路形成线型绿色廊道景观。

2. 道路景观平台

上水库环库道路两侧往往有观景平台，在绿化方案上充分考虑植物的景观性及植物的乔、灌、草的搭配，形成高低起伏的美丽画面。在乔木的种植上面，多选择观花观果、枝干挺直、树形优美的植物，停车场采用生态植草砖。观景平台绿化示意图如图 6-33 所示。

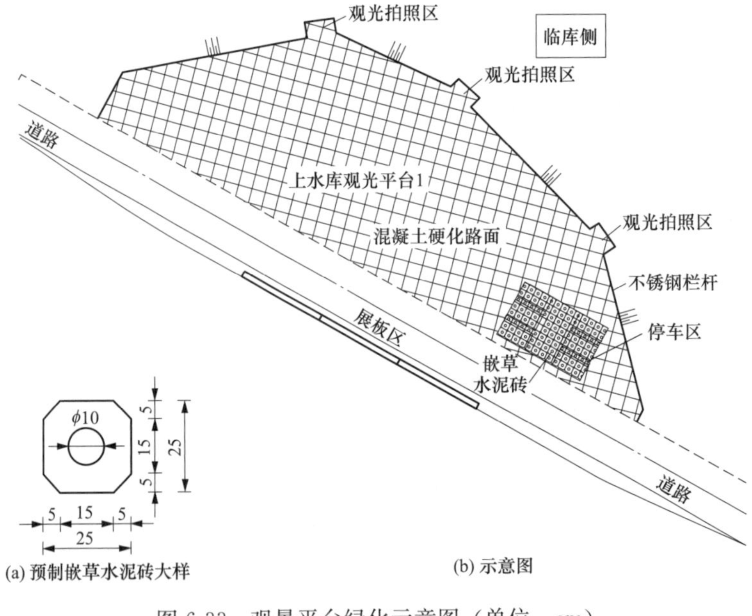

图 6-33　观景平台绿化示意图（单位：cm）

3. 道路边坡

土质边坡根据不同的挖深一般采用 1∶1～1∶1.5 的坡率削坡，当边坡高度超过 20m 时，坡面每隔 8m 设一道宽 1.5m 的马道，并于马道上种植灌木。坡面往往采用直接撒种或液力喷播的绿化方法。当坡面稳定性较差或过陡时，可结合三维网植草护坡、骨架防护进行绿化，当有滑坡现象时，可结合挡土墙、分级石笼等进行基础防护。

石质边坡需按照稳定性要求按需设置马道，马道宽度及绿化措施同土质边坡。通过调研发现，客土喷播、植生袋、三维植被网护坡、骨架植草绿化（如图 6-34～图 6-40

所示）设计方案实施后，边坡绿化效果显著。混凝土封面的边坡在硬质边坡坡脚布置种植槽（种植花坛）进行绿化。

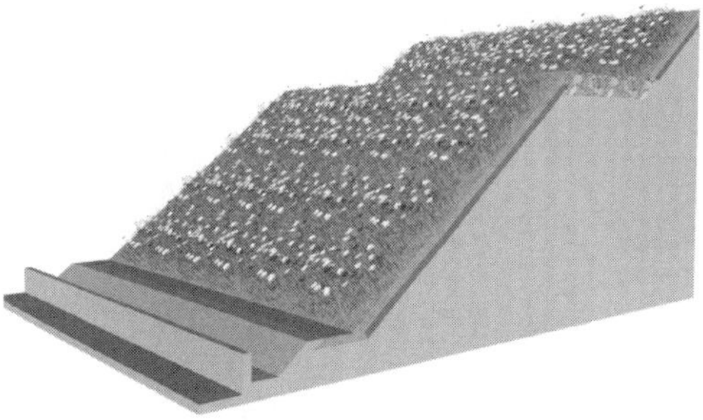

图 6-34　三维植被网植物护坡三维图

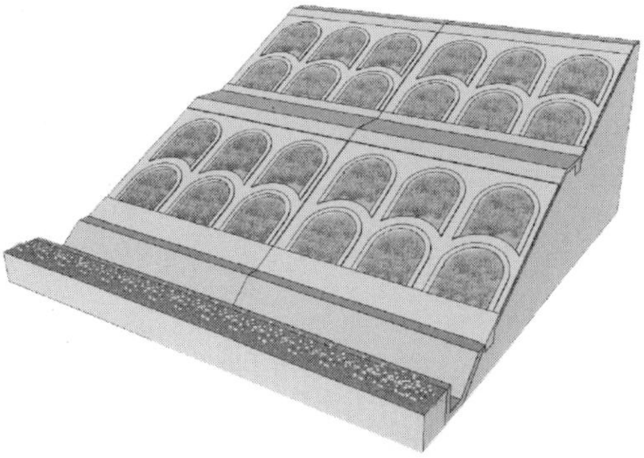

图 6-35　拱形骨架植物护坡三维图

图 6-36　正方形骨架植物护坡三维图

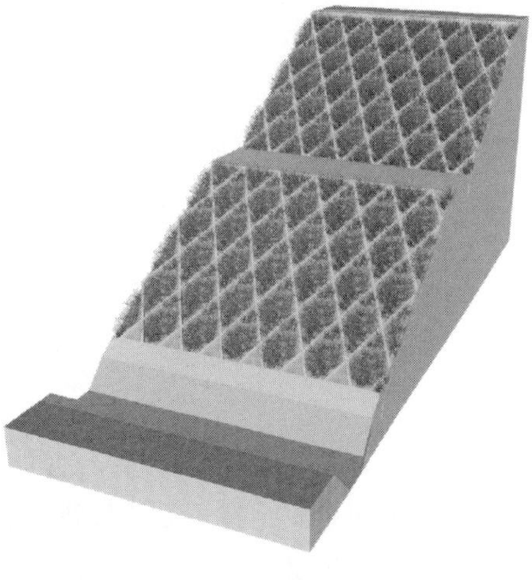

图 6-37　菱形骨架植物护坡三维图

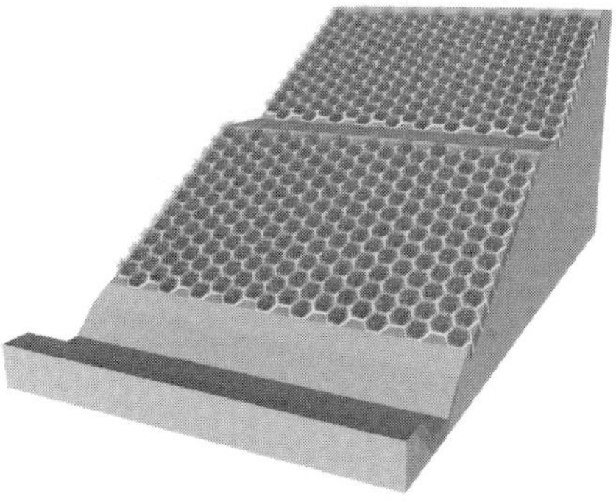

图 6-38　六边形骨架植物护坡三维图

图 6-39　人字形骨架植物护坡三维图

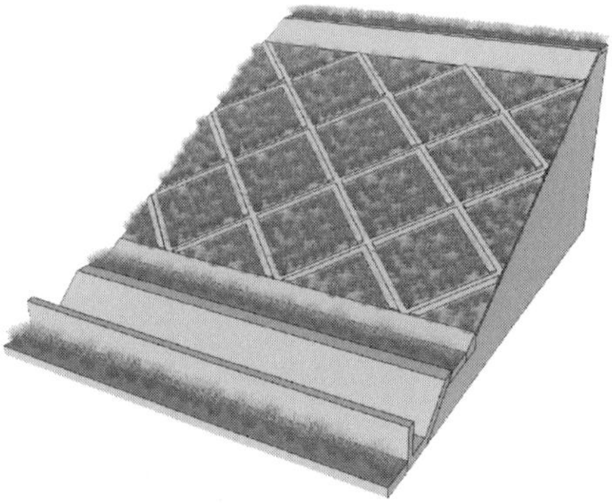

图 6-40　方格形截水骨架植物护坡三维图

第七节　地面开关站绿色生态建设典型设计方案

一、限制性因素分析

地面开关站需优先考虑开关站等建筑物安全，防止滚石、滑坡等灾害的威胁。另外，还需考虑地面高程对局部工程稳定性的影响，并尽量考虑景观效果，与建筑风格协调。

二、典型设计策略

（一）设计范围

地面开关站周边坡体绿化。

（二）设计原则

（1）地面开关站包括 GIS 室、地面副厂房等地面建筑物，涉及面积较大，其生态设计需从整体场地出发，在规划阶段即需充分考虑对周围环境的影响，尽量减少对环境的破坏，保护地面植被。

图 6-41　分级石笼

（2）从水利水电工程的整体协调性出发，在保障工程安全的前提下将就近范围内的地形、地质、植被等条件，人工构造物及人文环境等因素，纳入景观设计规划，避免破坏原有的自然景观或人文景观。确保水利水电中心工程与景区的有机融合，从而打造整体景观。还可发挥附属建筑物的色彩特征及形式特征，提高景观的观赏效果。

（三）典型设计方案

为确保开关站等建筑物安全，对于建筑物周边稳定性欠佳的坡面采用锚索、锚杆、挂网、喷混凝土封面等形式强化支护，有必要的可在底部设置拦石墙，防止滚石和滑坡的影响，当有滑坡现象时，可结合分级石笼（如图 6-41 所示）确保工程安全，达到水土保持的要求，在此基础上主要采用 TBS 喷播、客土喷播等形式进行绿化。

第八节　坡体排水工程典型设计

坡体排水工程应宜统一考虑坡面排水、地下排水和减少坡面水下渗等措施，形成相辅相成的排水、防渗体系。

一、坡面排水

（1）坡面排水应根据汇水面积、降雨强度、历时和径流方向等进行整体规划和布置。边坡影响区内、外的坡面和地表排水系统宜分开布置，自成体系，技术要点如下：

1）坡面排水设施应包括截水沟、排水沟、跌水与急流槽等，应结合地形和天然水系进行布设，并做好进、出水口的位置选择。应采取措施防止截水沟和排水沟出现堵塞、溢流、渗漏、淤积、冲刷和冻结等现象。

2）各类坡面排水设施设置的位置、数量和断面尺寸应根据地形条件、降雨强度、历时、分区汇水面积、坡面径流量和坡体内渗出的水量等因素进行计算分析确定。各类坡面排水沟顶应高出沟内设计水面 200mm。

进行边坡综合治理时，应根据地形地质条件进行边坡地表截水和排水系统设计。截、排水沟布置宜将地表水引至附近冲沟、边沟或河流中，避免形成冲刷。渣场、开挖边坡等部位的马道排水沟见图 6-42，与绿化槽结合的排水沟见图 6-43，有特殊要求的排水沟应进行单独设计。

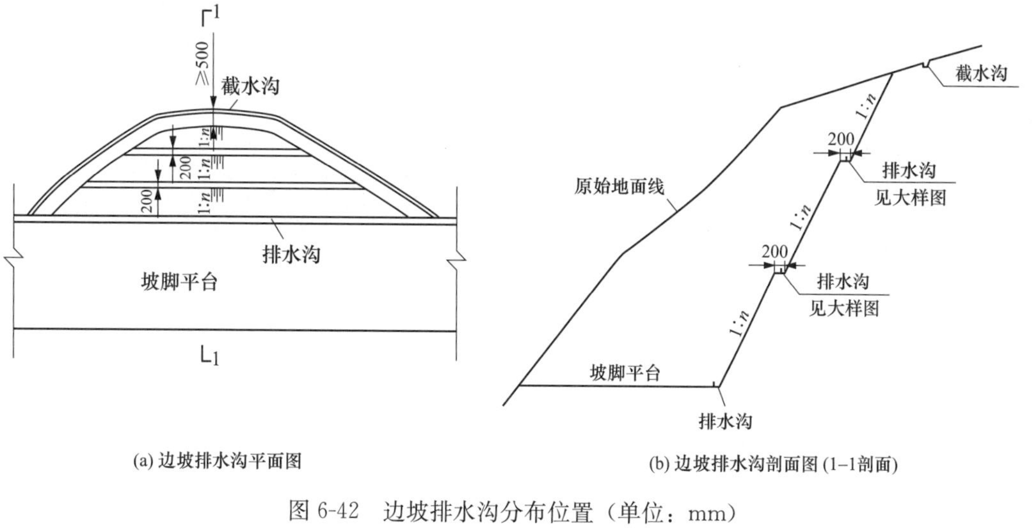

图 6-42　边坡排水沟分布位置（单位：mm）

（2）截、排水沟设计应符合下列规定。

1）截水沟根据具体情况可设一道或数道。设置截水沟的作用是拦截来自边坡或山坡上方的地面水，保护边坡不受冲刷（如图 6-44 所示）。截水沟的横断面尺寸需经流量计算确定（详见 JTG/T D33《公路排水设计规范》）。为防止边坡的破坏，截水沟设置

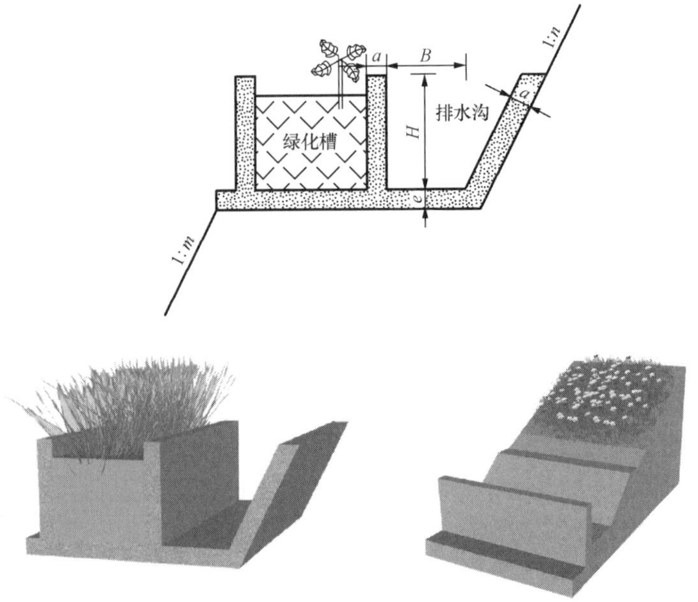

图 6-43　绿化槽排水沟设计

的位置和道数是十分重要的，应经过详细水文、地质、地形等调查后确定截水沟的位置。截水沟应采取有效的防渗措施，出水口应引伸到边坡范围以外，出口处设置消能设施，确保边坡的稳定性。

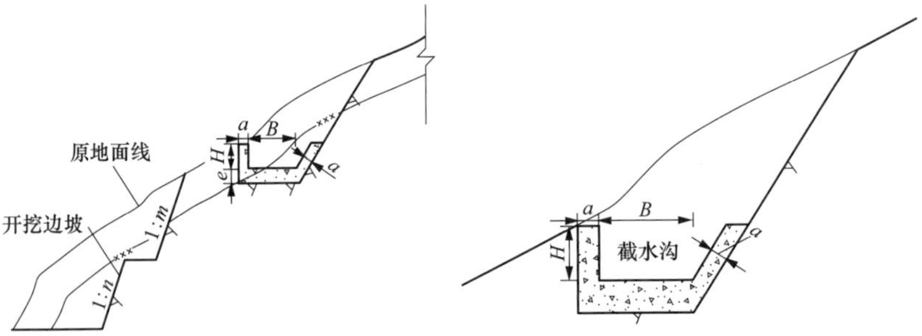

图 6-44　坡顶截水沟断面图

2）坡顶截水沟宜结合地形进行布设，且距挖方边坡的坡口或潜在塌滑区后缘不应小于 5m；填方边坡上侧的截水沟距填方坡脚的距离不宜小于 2m；在多雨地区可设一道或多道截水沟；如需将截水沟、边坡附近低洼处汇集的水引向边坡范围以外时，应设置排水沟。

3）截、排水沟的底宽和顶宽不宜小于 500mm，可采用梯形断面或矩形断面，其沟底纵坡不宜小于 0.3%。

4）截、排水沟需进行防渗处理；砌筑砂浆强度等级不应低于 M7.5，块石、片石强度等级不应低于 MU30，现浇混凝土或预制混凝土强度等级不应低于 C20。

5）当截、排水沟出水口处的坡面坡率大于 10%、水头高差大于 1.0m 时，可设置跌水和急流槽将水流引出坡体或引入排水系统。

参考在建及已建工程，截水沟和排水沟采用矩形钢筋混凝土结构（如图 6-45 所示）。根据 NB/T 10512《水电工程边坡设计规范》中规定，地表截、排水沟的排水流量设计标准，应根据边坡的重要性、工程区降雨特点、集水面积大小、地表水下渗对边坡稳定影响程度等因素综合分析确定，一般按照 20 年一遇降雨强度计算排水流量。顶截水沟大样图见图，马道排水沟大样图见图 6-46。

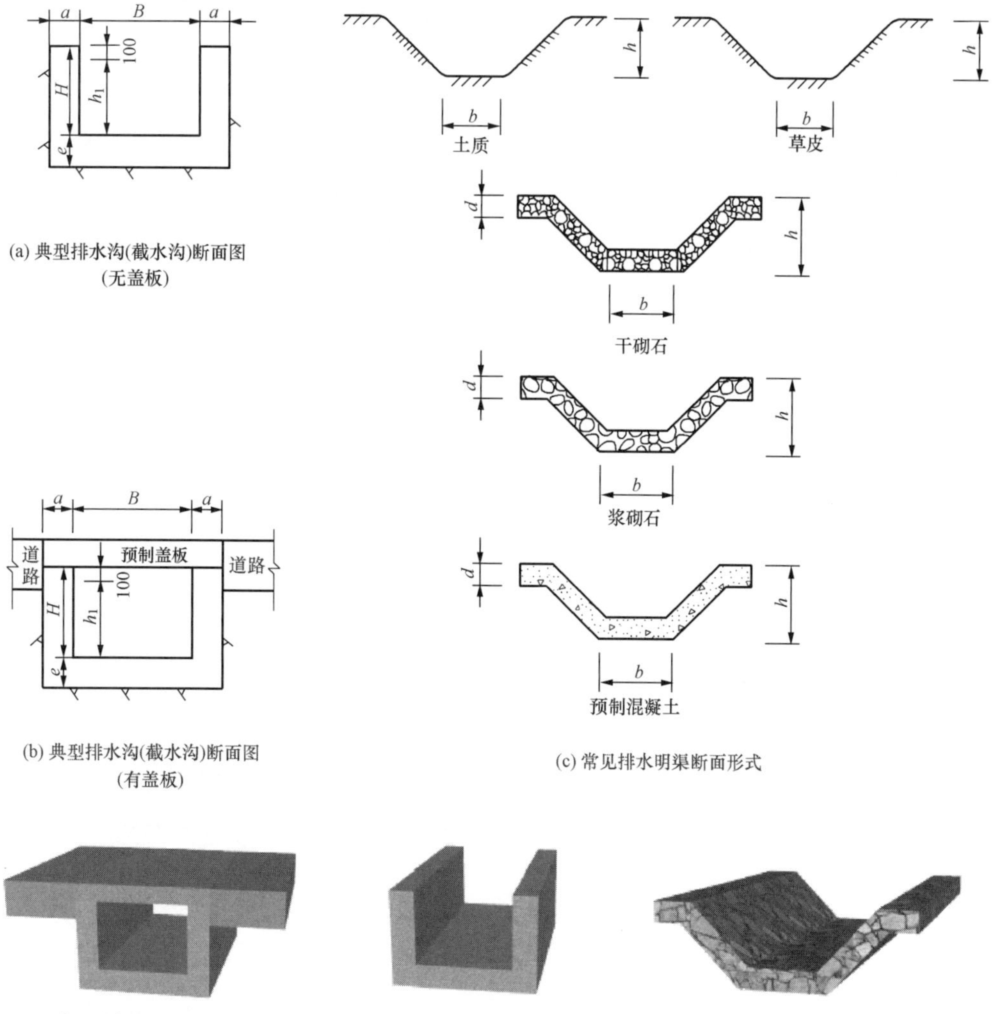

(a) 典型排水沟(截水沟)断面图（无盖板）

(b) 典型排水沟(截水沟)断面图（有盖板）

(c) 常见排水明渠断面形式

(d) 典型排水沟三维图(有盖板)

(e) 典型排水沟三维图(无盖板)

(f) 排水明渠三维图

图 6-45　常见排水明沟（单位：mm）

二、地下排水

边坡地下排水设施包括渗流沟、仰斜式排水孔等，地下排水设施的类型、位置及尺寸应根据工程地质和水文地质条件确定，并与坡面排水设施相协调。

渗流沟设计应符合下列规定：对于地下水埋藏浅或无固定含水层的土质边坡宜采用

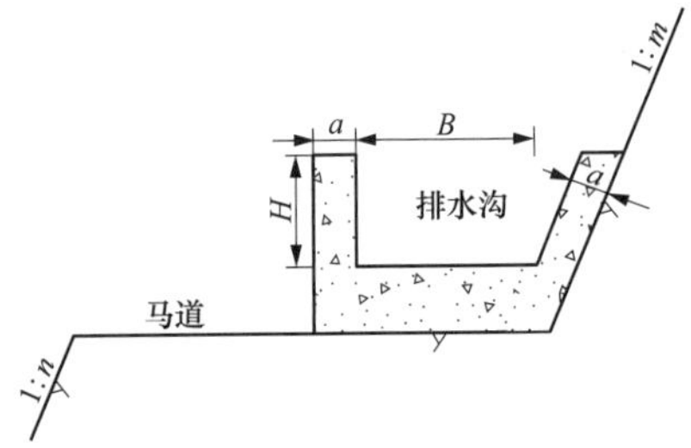

图 6-46　马道排水沟大样图（单位：mm）

渗流沟排除坡体内的地下水；边坡渗流沟应垂直嵌入边坡坡体，其基底宜设置在含水层以下较坚实的土层上；寒冷地区的渗流沟出口应采取防冻措施，渗流沟的平面形状宜采用条带形布置；对范围较大的潮湿坡体，可采用增设支沟，按岔形布置或拱形布置。渗流沟侧壁及顶部应设置反滤层，底部应设置封闭层；渗流沟迎水侧可采用砂砾石、无砂混凝土、渗水土工织物作反滤层，地下盲沟设计如图 6-47 所示，钢筋混凝土盖板设计如图 6-48 所示。

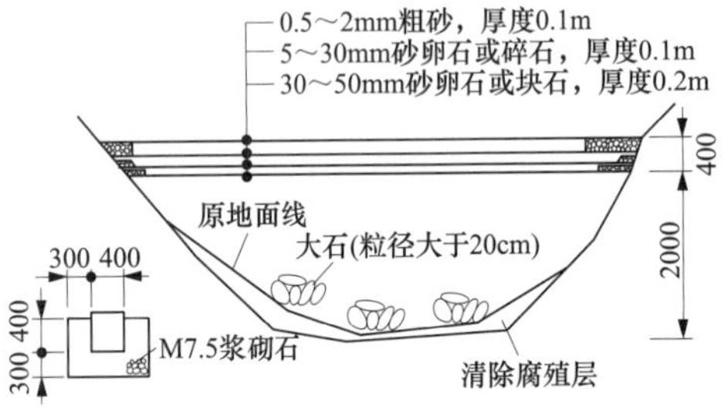

图 6-47　排水盲沟设计图（单位：mm）

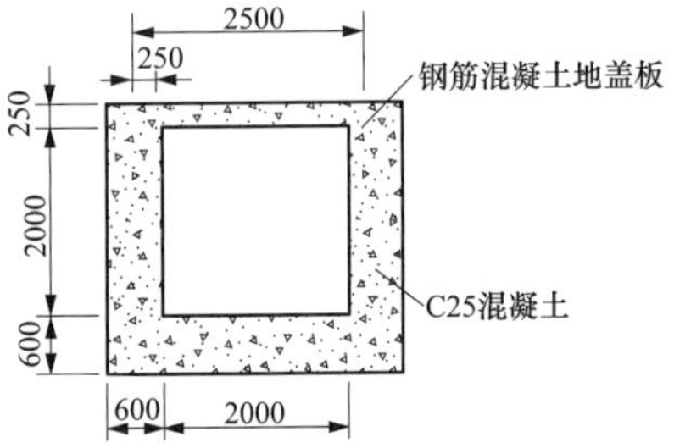

图 6-48　钢筋混凝土盖板设计图（单位：mm）

第七章

抽水蓄能电站绿色生态建设防护技术工程实践

第一节　文登抽水蓄能电站绿色生态建设分析

一、现状分析

（一）社会概况

文登区隶属于中国山东省威海市，位于山东半岛东部，处于烟台、威海、青岛三个市的中心区域。因秦始皇东巡“召文人登山”而得名，已有1400多年的建制史，是胶东半岛少数千年古县之一。总面积为1615km^2，辖12个镇、3个街道办事处和2处省级开发区，人口58万。

山东省电力行业发展迅速且类型多样，已经共同构成了一个极具现代化特点的电力网络，不仅在容量上有着充足的保障，同时还具有高参数和超高压等优势。但在电源结构和电网调峰方面仍存在一些问题。例如，电源结构方面，煤电在电力装机中比重高达85%，较全国平均约高19个百分点。单机30万kW以下机组约占煤电装机的36%，优化调整煤电结构任务依然艰巨。

山东省地区间经济发展较不平衡，其中东部的青岛、烟台、威海等沿海地区经济发展较快，人均国内生产总值较高；西部人均国内生产总值与东部地区相差较大。经济发展的不均衡及产业结构差异，使得各地市间的全社会用电量及负荷特性有较大的不同。随着山东省经济的不断发展，工业化和城市化进程加快，电力需求增势强劲，屡次出现突发性新增大负荷导致供电紧张、电网建设被动滞后的情况，城市配电网建设跟不上经济发展和城市建设速度。另外，由于电源布局不尽合理，影响了电网规划与建设。全省电源建设发展势头迅猛，出现了电源整体布局与负荷、电网不相符合的问题，主要表现在电网短路容量越限，在山东省西部及南部比较突出，加上主网架的限制，出现了影响电网结构和安全运行的被动改造建设、资源浪费等问题。

未来随着结转电源项目逐步建成投产以及“外电入鲁”工程的顺利建成送电，全省电力供应保障能力将得到显著增强，更应重视电力系统调节能力建设，坚持电源侧、电网侧、负荷侧，多措并举，充分挖掘现有系统调峰能力，加快调峰电源规划建设，着力增强系统灵活性、适应性，破解新能源消纳瓶颈，提高电力系统运行效率。进一步改善山东电网的电源结构，消解山东电网突出的调峰问题，配合核电运行，缓解因风电输出不稳而带给电网的不利影响，保障特高压智能电网的安全稳定，提高供电质量，山东电网迫切需要兴建调节性能好的抽水蓄能电站。这些都成为文登抽水蓄能电站修建的必要性。

（二）文登抽水蓄能电站工程概况

山东文登抽水蓄能电站位于山东省威海市文登区界石镇境内，工程区距文登区公路里程约 35km，至威海公路里程约 44km，至烟台公路里程约 88km，至济南公路里程约 521km，之间均有国道、省道和高速公路相通。胶济铁路贯穿文登区境内，对外交通方便。距离电站最近的两座海运码头为威海石岛港和威海港，均为国家一级开放港口。

文登抽水蓄能电站枢纽由上水库、水道系统、地下厂房系统和下水库组成，枢纽布置见图 7-1。上水库位于泰礴顶东侧宫院子沟沟首部位，库盆三面环山呈扇贝形，库区沟底地形开阔，具备布置库盆的天然地形条件。库区地形地质条件较好，正常蓄水位上基岩裸露，无田地及房屋，不存在微积和浸没问题，周围山体雄厚，成库条件好。采用开挖和筑坝方式兴建。库岸由西侧泰礴顶主峰及左右两岸东西向近于平行的山脊形成，在库盆东侧沟口布置一座钢筋混凝土面板堆石坝，利用库盆开挖料筑坝。库区仅作局部帷幕灌浆防渗处理。

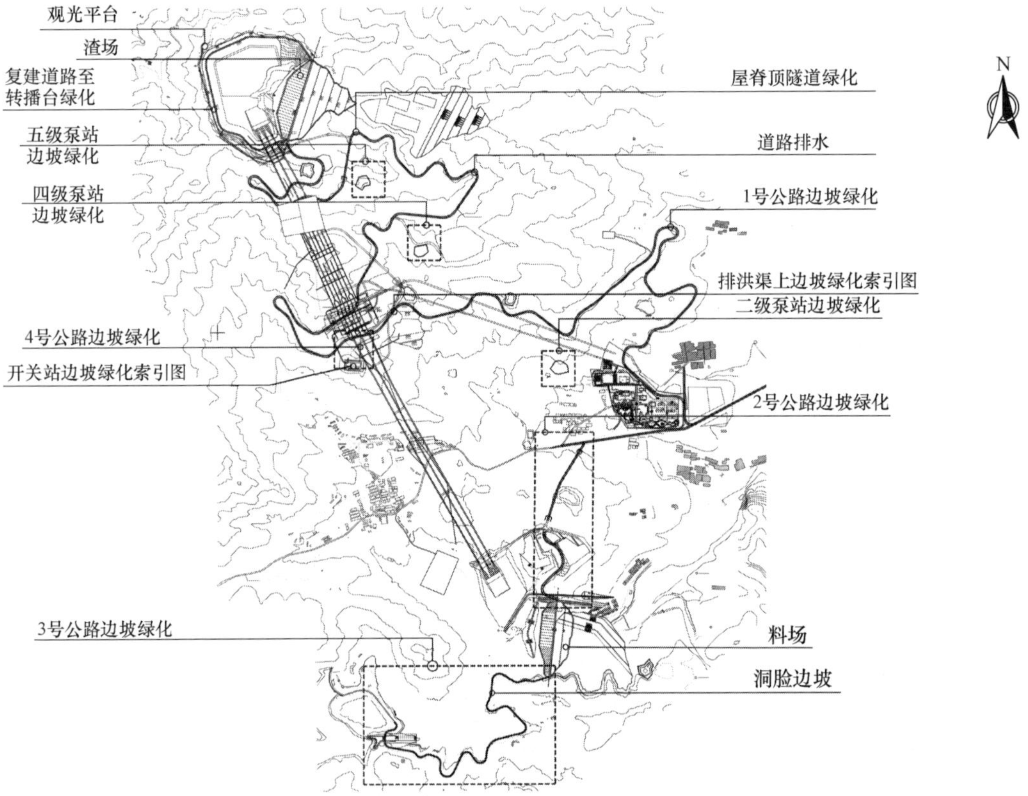

图 7-1　文登抽水蓄能电站枢纽布置图

水道系统主要建筑物包括上水库进/出水口（含引水事故兼检修闸门井）、高压隧洞、引水混凝土岔管、引水支管、尾水支管、尾水事故闸门室、尾水混凝土岔管、尾水调压井、尾水隧洞、下水库进/出水口（含尾水检修闸门井）等。地下厂房系统位于水道系统中部，地下厂房洞室群主要包括主副厂房、主变压器洞、通风机房、母线洞、进厂交通洞、主变压器交通支洞、尾闸交通支洞、地下厂房通风洞、通风支洞、排风竖井、出线洞、排水廊道等。厂区地面建筑物有500kV开关站，中控楼，交通洞、通风洞洞口和排风口等。

下水库位于西母猪河的支流，柳林庄村西约100m处，库项区岩石条件较好，地质构造简单，岩体坚硬完整，河床覆盖层较薄，具备修建堆石的条件。下水库由拦河坝、左岸侧槽溢洪道、左岸泄洪放空洞组成。下水库上游约1.8km处已建有昆嵛山水库浆砌石拱坝，其右侧垭口布置一侧槽溢洪道，汛期洪水排泄至下水库。

工程装机容量为1800MW，安装6台单机容量为300MW的可逆式水泵水轮机组。电站额定水头为471m，设计年发电量为27.101亿kW·h，年抽水用电量为36.135亿kW·h，年发电利用小时数为1506h，年抽水利用小时数为2008h，电站综合效率系数为0.75。电站建成后以两回500kV出线接入山东电网，在系统中承担调峰、填谷、调频、调相及事故备用任务。

根据规范规定，本工程为一等大（1）型工程，永久性主要建筑物为1级建筑物，包括上水库挡水坝、水道系统（上水库进/出水口、上水库闸门井、引水压力隧洞、岔管、高压支管、尾水支管、尾水事故闸门室、尾水调压室、尾水隧洞、下水库闸门井、下水库进/出水口）、地下厂房系统（地下厂房、主变压器洞、母线洞、出线洞、地面开关站）、下水库挡水坝、水库泄水建筑物等。永久性次要建筑物为3级建筑物，包括进厂交通洞、地下厂房通风洞、尾调交通洞等。临时性建筑物属4级建筑物。

（三）文登区自然概况

1. 地形地质

山东省文登区为低山丘陵区，地势起伏缓和，大部分为200～300m的波状丘陵，有少数山峰海拔在500m以上，山体岩石裸露，土层覆盖较薄。山地占总面积的19%，丘陵占总面积的58.4%，平原占总面积的22.6%，平原沿河谷两岸及滨海地区呈带状展布。西临昆嵛山脉是胶东屋脊，为西部南北向分水岭，主峰泰礴顶923m；东部凤台顶、老驴山、邹山、老青山等丘陵为东界分水岭。文登区地形两侧高、中间低，北部高、南部低，伸向黄海。

文登的构造体系属于新华夏系第二隆起的东部，文、荣凸起的中心部位。由于长期隆起，缺失中元古—中生界侏罗纪地层。地质简单，岩浆岩分布广泛，构造不太发育。地层以下元古界胶东岩群第二岩组变质岩系为主，第四纪堆积物遍布全境，有冲积、洪积、残坡积和海积等类型。

2. 水文气象

山东文登区地处北温带，为大陆性季风气候，四季分明。有气象资料记录以来，年均气温为11.5℃，极端最高气温为36.4℃，极端最低气温为－25.5℃。年降水量为762.2mm，夏季较为集中，6～9月降水量约占全年的70%，春秋季降水偏少，常发生干旱。年日照时间为2540.7h，无霜期为194天。冬季漫长，历年平均降雪量为34.1mm，最大积雪深度为210mm，积雪日数最多为48天，最少为15天，平均为28天。冰冻期为90～120天，冰冻线在0.8m以内。最大冻土深度为47cm。盛行从大陆北部吹来的干冷冬季风，气温偏低，夏季最短，盛行从海洋吹来的暖湿夏季风。春秋两季属于冬夏季风转换期，春季大风天气较多。

3. 植物资源

根据绿化植物资源与园林应用研究，文登规划常用园林绿化树种共计90科262属525种，其中乔木218种、灌木153种、草本植物121种、藤类植物33种（木质藤类25种、草质藤类8种）。规划常绿树与落叶树的植株数量比为1∶3，速生树种与慢生树种的比例为1∶1，乡土树种与外来树种比例为15∶1，木本植物与草本植物比例为4∶1。规划主要树种如下。

（1）常绿乔木：雪松、黑松、华山松、云杉、日本冷杉、龙柏、蜀桧、广玉兰、大叶女贞等。

（2）落叶乔木：银杏、水杉、核桃、枫杨、旱柳、榔榆、朴树、榉树、杜仲、玉兰、马褂木、悬铃木、国槐、刺槐、龙爪槐、皂荚、合欢、乌桕、臭椿、苦楝、香椿、火炬树、黄连木、黄栌、五角枫、栾树、七叶树、椴树、青桐、柿树、白蜡等。

（3）小乔木及灌木：铺地柏、洒金柏、无花果、蜡梅、红叶小檗、牡丹、大花溲疏、绣球、菱叶绣球、海桐、珍珠梅、火棘、山楂、石楠、海棠、月季、蔷薇、玫瑰、黄刺玫、棣棠、碧桃、山桃、榆叶梅、杏、紫叶李、樱花、稠李、紫荆、瓜子黄杨、盐肤木、大叶黄杨、木槿、紫薇、石榴、红瑞木、连翘、丁香、桂花、迎春、锦带花、金银木、法国冬青、天目琼花、凤尾兰等。

（4）藤类植物：蔷薇、紫藤、葛藤、扶芳藤、葡萄、爬墙虎、五叶地锦、常春藤、凌霄、金银花等。

二、文登抽水蓄能电站绿色生态建设思路与策略

（一）总体设计范围

总体设计范围主要包括电站区域内1～3号公路边坡、开挖洞口边坡，4号公路上下边坡、地面开关站，二级泵站原耕地范围，四级、五级泵站边坡、弃渣场，二～五级泵站之间输水线路等部位，总绿化设计面积约22 220m^2。文登抽水蓄能电站整体沙盘如图7-2所示。

（二）规划设计思路

由于电站建设过程中不可避免地会对环境产生影响，规划设计主要从水土保持和绿化修复两个方面来开展。

1. 水土保持设计思路

在水土保持设计方面，规划设计首先根据抽水蓄能电站的工程布局、施工扰动特点、建设时序、地貌特征、自然属性和水土流失影响等，遵照分区原则及分区方法进行水土流失防治分区。同时根据GB/T 50434《生产建设项目水土流失防治标准》确定不同分区现状背景下水土流失的防治等级，并制定防治目标。

图 7-2　文登抽水蓄能电站整体沙盘图

在对工程现场及周边同类工程充分调研的基础上，结合工程平面布置和施工方法、工艺，分析各防治分区水土流失特点及产生水土流失的环节。对各防治分区制定有针对性的水土保持措施，重点做好弃渣场和交通设施区等区域的防护措施设计，以期达到水土流失防治目标要求。

2. 绿化修复设计思路

在绿化修复设计方面，规划设计在保护现有植被的基础上，清理坡面浮石、危石，并对上游坡面来水进行疏导、排放，保障进行人工修复后的创面与周边环境尽量相融，控制过多的人工痕迹。从生态适应性、扰逆性、持续稳定性、生物多样性等特性出发筛选植物品种。结合一定工程技术措施对土壤裸露部位进行复绿，必要时采用人工促进的方式促进植物生长，使其早日达到稳定效果，进一步控制水土流失并改善景观效果。

（三）设计原则

按照“预防为主、综合防治”的方针开展生态绿化建设设计。

（1）坚持实事求是、因地制宜、因害设防的原则：结合项目实际情况，合理布置各项防治措施，建立选型正确、结构合理、功能齐全、效果显著的水土流失综合防治体系。

（2）坚持生态与景观相结合的原则：在控制水土流失，改善生态环境，恢复植被的同时，注意结合景观效果，避免太多与自然环境不协调的人工痕迹。

（四）绿色生态建设实施策略

根据水电站各功能部位的类型和特点，综合分析不同创面场地的植被恢复与重建的关键技术措施，水电站场地植被恢复重建措施总体布局如下。

1. 工程措施

（1）场地前期处理。坡面松动的破碎岩石存在安全隐患，需事先进行清理。针对这样的坡面需通过挂主动防护网或在坡底设置拦挡工程，避免滑坡、泥石流、崩塌灾害的发生。

（2）绿化基础工程。抽水蓄能电站工程产生的创面由于存在陡坡、土壤贫瘠等问题往往缺少植被直接生长的基本条件，因此需要进行绿化基础工程建设，为植被创造良好的发芽、生长发育条件。常用措施包括植生袋、植生槽、骨架防护等。

（3）覆土与基质改良。水电站区域土层瘠薄，植被恢复与重建难度大，可采取覆土及基质改良等多种技术手段。覆土的方式与厚度根据场地类型、特点及生态恢复的目标而定，一般覆土 0～30cm 即可。如想在场地上种植农作物或果树，则覆土厚度应在 30cm 以上。对于土壤层 pH 值过高或过低、盐分或金属含量过高的场地，可以考虑用化学的方法进行土壤改良。

2. 植物措施

项目绿化种植主要集中在公路边坡、泵站周边、复检路至转播台大坝绿化、上水库库区边坡绿化、隧道口绿化等多种空间类型的创面复原建设。场地因所在区位的不同，以及工程功能的差异，其绿化生态建设需求也大不相同。

（1）植物种类选择策略。根据电站场地区域相对极端的环境条件，植物种类选择应遵循如下原则：

1）选择生长快、适应性强、抗逆性好、成活率高和高生物量植物；

2）优先选择具有改良土壤能力的固氮植物，以期基质能得到较快的改善；

3）尽量选择当地优良的乡土植物和先锋植物，也可以引进外来速生植物。在场地上自然定居的植物，能适应场地上的极端条件，应该作为优先考虑的植物；

4）选择植物种类时不仅要考虑高经济价值，更主要是植物的多种效益，主要包括抗旱、耐湿、抗污染、抗风沙、耐瘠薄、抗病虫害等。

（2）植被配置及培育策略。在坡率较陡的坡面，主要采用种子喷播进行培育。而坡率较缓具有栽植乔灌植物条件时，可根据植被恢复设计方案采取植株栽植、种子喷播或直接撒播等措施。就植被恢复配置方案来看，在缓坡地段，配置以栽植灌木和种植绿化草种为主，但把乔木让其以灌木状生长则更有利于护坡，同时可以适当考虑种植一些经济作物；当坡率较大时植物配置模式要以水土保持优先，尽量林、灌、草相结合，植物配置沿等高线布设，植物种植采用宽行密植；弃渣场和工程侵蚀区基部地段，可通过挖穴种植一些藤本植物，这样更有利于保水保土。在种群结构布局上，要积极营造混交林，合理搭配树种，采用喜光与耐阴混交，速生与缓生混交，乔木、灌木、草混交等多种方式，增强系统的稳定性。

三、绿色生态建设方案

（一）公路边坡绿色生态建设方案与实践

将公路边坡绿色生态建设分为四个公路样段，根据坡率、地质条件、坡顶坡底等相对位置的差异，因地制宜地设计多种绿化建设方案。

1. 1 号公路边坡绿色生态建设

1 号公路按照六个分区设计（如图 7-3 所示）。每项区域根据不同设计坡率、不同土石现状的边坡，共计五种不同的坡面绿化策略（见表 7-1～表 7-5），包括从绿化生态措施、工程技术措施、养护管理措施等方面。

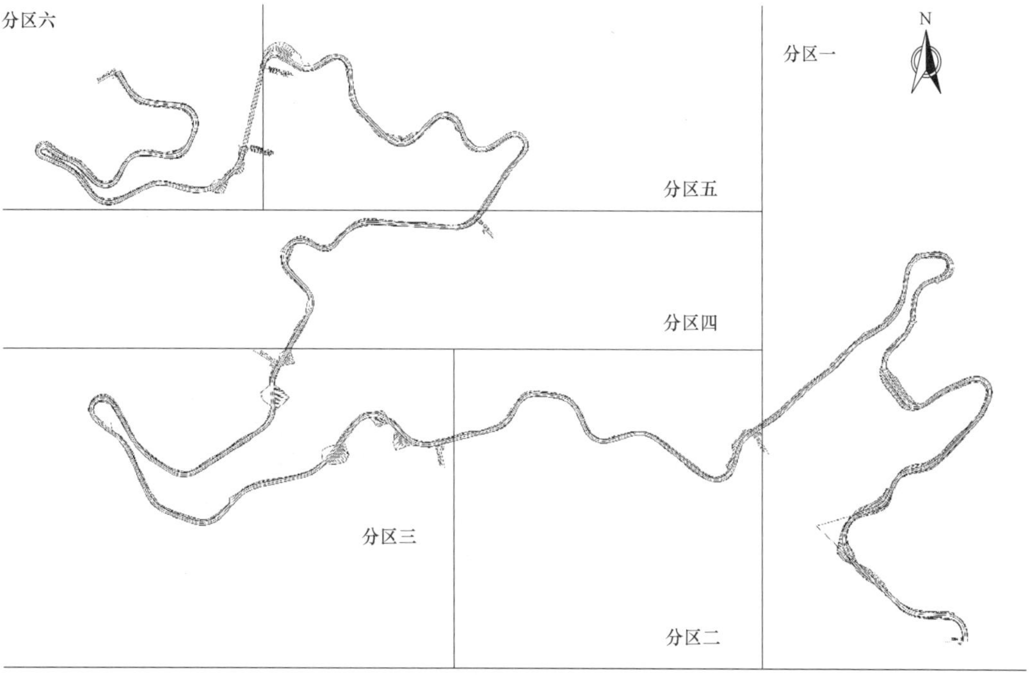

图 7-3　1 号公路分区索引平面图（1∶3600）

表 7-1　　类型一

坡率	1∶1
边坡类型	土质边坡和土石混合边坡坡面
绿化范围	坡面
绿化策略	客土夯实＋客土喷播植生护坡适用于 1∶1 坡率的土石混合、土质边坡
具体实施	喷客土厚 10～15cm，反铲夯实
实景图片	

表 7-2　　　　类型二

坡　　率	1∶0.5、1∶0.75
边坡类型	土质边坡和土石混合边坡坡面
绿化范围	坡面坡顶
绿化策略	挂网＋客土喷播植生护坡适用于1∶1～1∶0.5坡率的土石混合、土质边坡
具体实施	挂网（三向土工格栅或镀锌铁丝网），喷客土厚为10～15cm
绿化种类	草种选择黑麦草、狗牙根，灌木种选择紫穗槐和刺槐，按每种 $5g/m^2$ 配置；开花类草本植物可选择波斯菊、野菊花、蒲公英等，按 $3\sim5g/m^2$ 掺入草种。可根据当地具体情况适当调整个别植物种类，最终选用植物品种由业主、设计院和施工方共同确定
实景照片	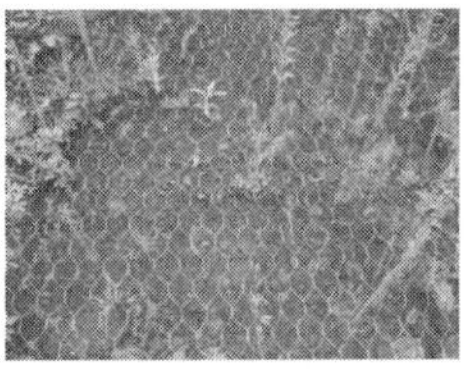 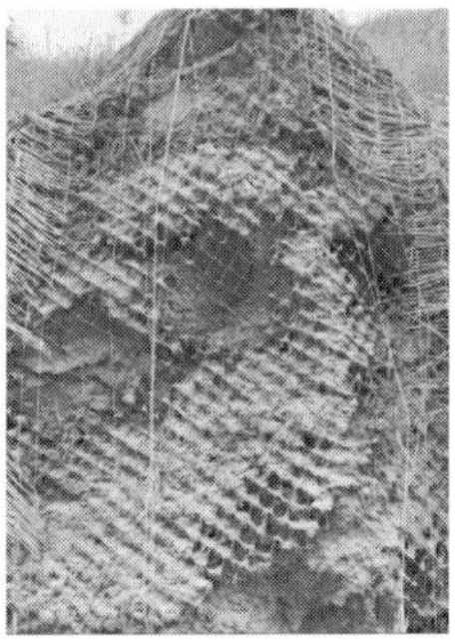

表 7-3　　　　类型三

坡率	1∶0.5、1∶0.75
边坡类型	土石边坡
绿化范围	坡面坡顶
绿化策略	高次团粒客土喷播植生护坡
具体实施	挂网（三向土工格栅或镀锌铁丝网），喷客土厚为10～15cm
实景图片	

表 7-4　　　　类型四

坡率	1∶0.3
边坡类型	岩石边坡
绿化范围	坡脚、坡面

续表

绿化策略	坡脚种植槽绿化
绿化种类	爬山虎、常春油麻藤、凌霄、葛藤、牵牛等
实景图片	

表 7-5 类型五

坡率	<1∶1.5
边坡类型	土质边坡
绿化范围	坡面
绿化策略	（1）坡脚临路一侧，砌筑花坛作坡脚挡护，花坛内覆土，栽植灌木球绿化，注重景观效果。 （2）保留原场地的植物，在平缓地带栽植部分乔木，统一山体绿化 （3）临路铺草坪，结合草花、有色灌木进行景观设计
绿化种类	红叶石楠、金森女贞、小叶黄杨、鸢尾、三色堇等
实景照片	 

2. 2 号公路边坡绿色生态建设

根据不同设计坡率、不同土石现状的边坡，对 2 号公路设计了五种不同的坡面绿化策略，见图 7-4 及表 7-6～表 7-10。

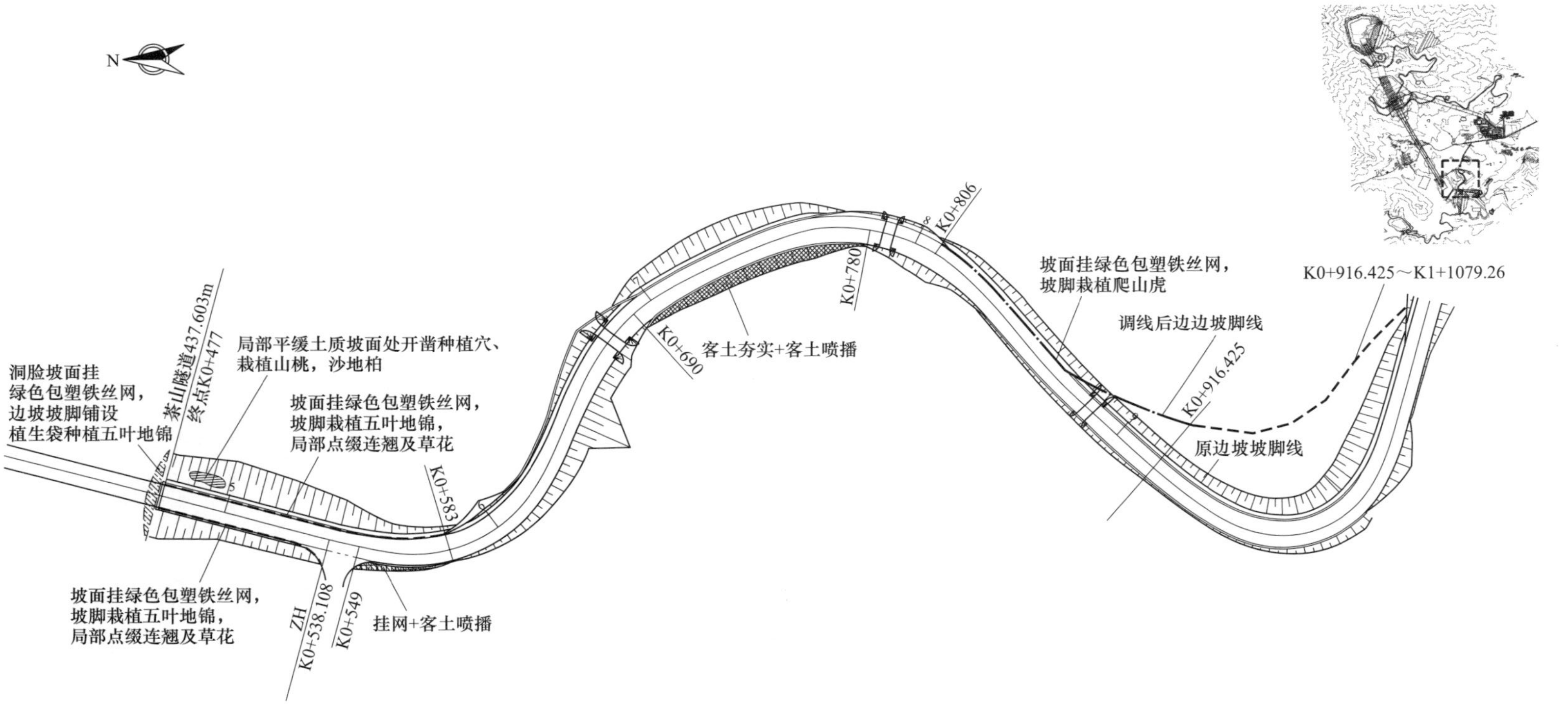

1. 洞脸边坡，坡比1:0.5，绿化措施为：坡面挂绿色包塑铁丝网，洞顶坡脚种植五叶地锦，其中铁丝网350.0m²，五叶地锦35延米，植生袋18m²。
2. 坡比为1:0.75现状喷混边坡，绿化措施为：坡面挂绿色包塑铁丝网，坡脚栽植五叶地锦，局部点缀连翘及草花，其中铁丝网2020.0m²，五叶地锦163.5延米，连翘50m²，草花100m²。
3. 开凿种植穴，种植穴须开凿在局部平缓土质坡面，栽植山桃、沙地柏，其中山桃6株，沙地柏50m²。
4. 坡比为1:1的土质边坡，边坡绿化措施为：客土夯实+客土喷播，共407.0m²。
5. 坡比为1:1的水泥抹面边坡，边坡绿化措施为：挂网+客土喷播，共68.0m²。
6. 坡比接近垂直、以及坡比1:0.5现状喷混边坡，绿化措施为：坡面挂绿色包塑铁丝网，坡脚栽植爬山虎，其中铁丝网275.2m²，爬山虎111.9延米。

图 7-4　号公路分区索引平面图

表 7-6　　类型一

坡率	1∶0.75
边坡类型	喷混边坡
绿化范围	坡顶、坡脚
绿化策略	(1) 坡顶保留原生植物 (2) 坡脚砌筑混凝土种植槽，覆土绿化
具体实施	边坡坡脚砌筑种植槽种植红叶石楠球

表 7-7　　类型二

坡率	局部平缓地带
绿化策略	开凿种植穴，种植穴需开凿在局部平缓土质坡面
规模	山桃 6 棵，沙地柏 $50m^2$
具体实施	种植穴需开凿在局部平缓土质坡面
绿化种类及规格	(1) 山桃：苗高＞2.0m，冠幅＞1.2m，地径＞6cm，全冠，树形丰满，大于三年苗。 (2) 沙地柏：高度 0.8m，冠幅＞0.3m，16 株/m^2，密植，不露土，修剪整齐饱满
实景图片	

表 7-8　　类型三

坡率	1∶1
边坡类型	土质边坡
绿化范围	坡面
绿化策略	客土夯实＋客土喷播植生护坡
规模	$407.0m^2$
具体实施	喷客土厚 10～15cm，反铲夯实

续表

实景图片	

表 7-9 类型四

坡率	1∶1
边坡类型	水泥抹面边坡
绿化范围	坡面
绿化策略	挂网＋客土喷播
规模	68.0m^2
具体实施	挂网（三向土工格栅或镀锌铁丝网），喷客土厚 10～15cm

表 7-10 类型五

坡率	接近垂直以及 1∶0.5 现状喷混边坡
边坡类型	垂直边坡或喷混凝土边坡
绿化范围	坡面、坡脚
绿化策略	坡面挂绿色包塑铁丝网＋坡脚栽植爬山虎
规模用量	铁丝网 275.5m^2，爬山虎 111.9 延米
绿化材料	爬山虎
实景图片	

3.3 号公路边坡绿色生态建设

3 号公路分为两区，根据不同设计坡率、不同土石现状的边坡，设计了九种不同的坡面绿化策略，如图 7-5 及表 7-11～表 7-19 所示。

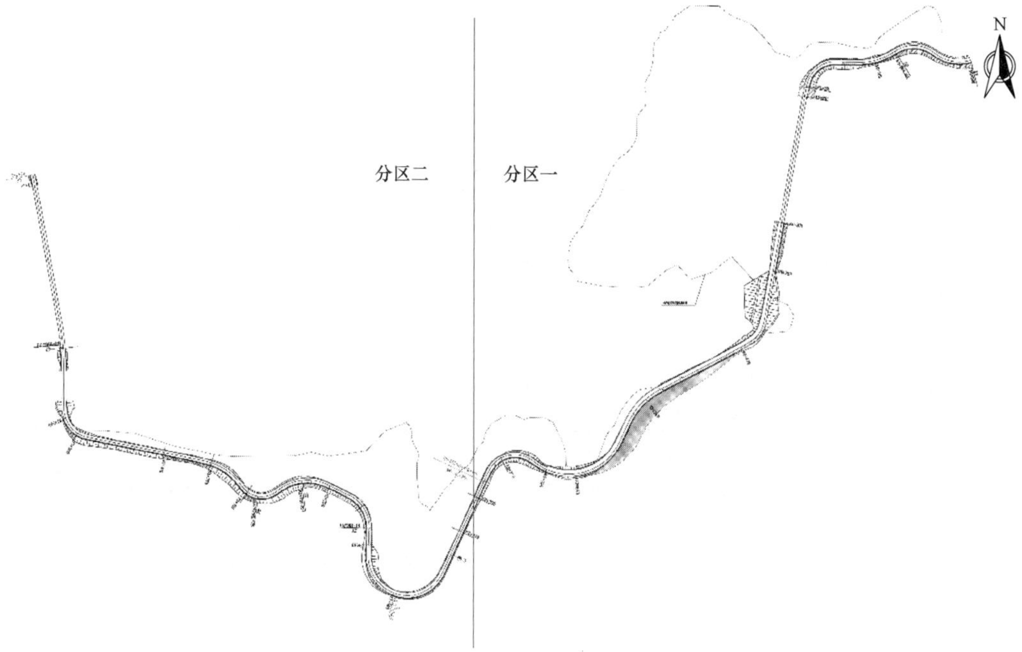

图 7-5　3 号公路分区索引平面图（1∶1500）

表 7-11　　类型一

坡率	—
边坡类型	洞脸边坡
绿化范围	坡面、洞顶、坡脚
绿化策略	坡面挂绿色包塑铁丝网（适用于大于 1∶0.75 的喷播或弱风化，未挂主动防护网的边坡，辅助爬藤植物攀爬），坡脚铺设植生袋（用于喷混边坡坡脚）种植五叶地锦
规格	铁丝网 325.0m^2，五叶地锦 70 延米，植生袋 35m^2
具体实施	洞脸坡面挂绿色包塑铁丝网，边坡坡脚铺设植生袋种植五叶地锦
绿化种类	五叶地锦

表 7-12　　类型二

坡率	1∶1
边坡类型	土石混合边坡、强风化岩质
绿化范围	坡面
绿化策略	客土夯实＋客土喷播植生护坡用于坡率为 1∶1 的强风化岩质/土石混合边坡
规模	59.1m^2
具体实施	喷客土厚为 10～15cm，反铲夯实

表 7-13　　　　　　　　　　类型三

坡率	1∶0.3	1∶0.1～0.3	1∶0.3～0.5
边坡类型	喷混边坡	弱/强风化岩质边坡	强风化岩质边坡
绿化范围	坡面、坡脚		
绿化策略	坡脚种植爬山虎，喷混坡面须挂绿色包塑铁丝网		
规模	铁丝网 1592m^2，爬山虎 396.7 延米		

表 7-14　　　　　　　　　　类型四

<table>
<tr><td>坡率</td><td>1∶1.5～2</td></tr>
<tr><td>边坡类型</td><td>土石混合边坡</td></tr>
<tr><td>绿化范围</td><td>坡面</td></tr>
<tr><td>绿化策略</td><td>覆土液力喷播</td></tr>
<tr><td rowspan="2">植物选择</td><td>草种选择原则：
(1) 适地生长型，即生长快速成坪快、根系发达且入土深、扩张性强、耐贫瘠、生长强健等。
(2) 生长根系发达的多年生草灌种为宜，结合实地情况以草灌结合或灌木为主。灌木应选择植株矮小但根系发达的品种，以乡土抗逆品种为首选，具有稳定边坡、抵抗病虫害的能力</td></tr>
<tr><td>南方：狗牙根、百喜草、假俭草等暖季型草，并适当混播白三叶、高羊茅、苜蓿等冷季型草种。
北方以冷季型为主：高羊茅、早熟禾、紫羊茅、黑麦草，同时可配入一定的小冠花、沙打旺等地被，增强固土能力</td></tr>
</table>

表 7-15　　　　　　　　　　类型五

坡率	1∶1.5
边坡类型	石渣回填边坡
绿化范围	坡面、坡脚
绿化策略	坡脚挡土墙内蓄土种植迎春遮蔽墙体外露面、坡面液力喷播
植物材料	迎春

表 7-16　　　　　　　　　　类型六

坡率	1∶0.5～1∶0.75
边坡类型	强风化岩质边坡
绿化范围	坡面
规模	453.3m^2
绿化策略	高次团粒客土喷播植生护坡
具体实施	挂网（三向土工格栅或镀锌铁丝网），喷客土厚为 10～15cm

表 7-17 类型七

坡率	1∶2
边坡类型	强风化岩质边坡
绿化范围	坡面
规模	115.4m²
绿化策略	覆土撒播草籽

表 7-18 类型八

坡率	近垂直
边坡类型	弱风化岩质边坡
绿化范围	坡面
规模	连翘 50m²，五叶地锦 77 延米
绿化策略	（挂主动防护网），坡脚挡土墙蓄土种植连翘、五叶地锦

表 7-19 类型九

坡率	大于 1∶0.5，高度限制在 8m 以内
边坡类型	喷混、岩质、土石混合边坡
绿化范围	坡面
规模	2025m²，爬山虎 50 延米
绿化策略	局部高陡边坡采用生态袋与藤蔓植物相结合的方式
实景图片	 

4. 4 号公路边坡绿色生态建设

根据不同设计坡率、不同土石现状的边坡，结合道路观景需求，设计了四种不同的坡面绿化策略，如图 7-6 及表 7-20～表 7-23 所示。

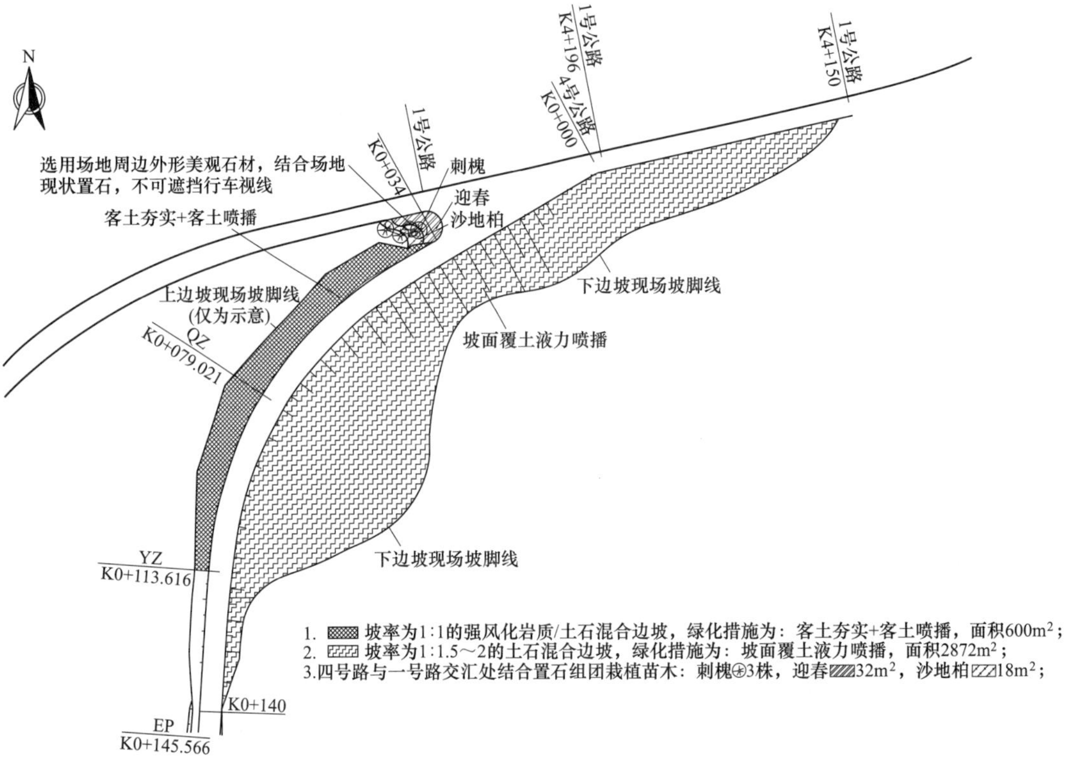

图 7-6　4 号公路边坡绿化索引平面图

表 7-20　　**类型一**

坡率	1∶1
边坡类型	土石混合边坡、强风化岩质
绿化范围	坡面
绿化策略	客土夯实＋客土喷播植生护坡用于坡率为 1∶1 的强风化岩质/土石混合边坡
具体实施	喷客土厚 10～15cm，反铲夯实
实景照片	

表 7-21　　类型二

坡率	1∶1.5～2
边坡类型	土石混合边坡
绿化范围	坡面
绿化策略	覆土液力喷播

表 7-22　　类型三

坡率	4 号路与 1 号路交汇较平缓地带
绿化策略	结合置石，组团化设计
植物材料	刺槐、迎春、沙地柏
规模	刺槐 3 株，迎春 32m^2，沙地柏 18m^2
实景照片	

表 7-23　　类型四

类型	道路两侧开阔地带
绿化策略	（1）利用植草砖铺地，改造成生态停车场。 （2）上水库具有较好视野的道路，在开阔处修建观景平台及错车平台，在局部挖穴种植 1～2 株景观植物
植物材料	樱桃、金叶国槐、海桐、沙地柏等
图片	刺槐 3 株，迎春 32m^2，沙地柏 18m^2
实景照片	 

(二) 泵站绿色生态建设方案

1. 二级泵站

二级泵站绿色生态建设方案见表7-24。

表 7-24　　类型一

坡率	较平缓整形地带
绿化策略	绿地整理栽植樱桃
植物材料	樱桃
规模	柱距 3×3m，共 39 株
技术要点	(1) 整理绿化用地，根据现场实际情况，适当整理地形、翻地、去除碎土、块石及不利于植物生长的杂物。如需要填换种植土，按 500mm 厚计。 (2) 栽植樱桃，柱距为 3×3m，共 39 株

2. 四级泵站

四级泵站绿色生态建设方案见表7-25、表7-26。

表 7-25　　类型一

坡率	1∶1.5～2
边坡类型	弃渣回填坡面
绿化范围	坡面
绿化策略	覆 300mm 厚种植土、撒播草籽，局部裸露较大凸出石块，共 1700m^2
绿化材料	撒播草籽，草籽需灌草结合，灌木为主，紫穗槐＋多花木兰＋白三叶＋狗牙根(5∶3∶1∶1)20g/m^2

表 7-26　　类型二

位置范围	二级泵站至四级泵站间输水线路沿线宽约 2m 范围内
绿化策略	清理石块，覆 300mm 厚种植土（灌溉后与沿线开挖区域两侧原地坪持平即可），撒播草籽，共 2200m^2
绿化材料	撒播草籽，草籽需灌草结合，灌木为主，紫穗槐＋多花木兰＋白三叶＋狗牙根(5∶3∶1∶1) 20g/m^2

3. 五级泵站

五级泵站绿色生态建设方案见表7-27、表7-28。

表 7-27　　类型一

坡率	1∶1.5～2
边坡类型	弃渣回填坡面
绿化范围	坡面
绿化策略	覆 300mm 厚种植土、撒播草籽，局部裸露较大凸出石块，共 1700m^2
绿化材料	撒播草籽，草籽需灌草结合，灌木为主，紫穗槐＋多花木兰＋白三叶＋狗牙根(5∶3∶1∶1) 20g/m^2

表 7-28　　类型二

位置范围	二级泵站至四级泵站间输水线路沿线宽约 2m 范围内
绿化策略	清理石块，覆 300mm 厚种植土（灌溉后与沿线开挖区域两侧原地坪持平即可），撒播草籽，共 2200m²
绿化材料	撒播草籽，草籽需灌草结合，灌木为主，紫穗槐＋多花木兰＋白三叶＋狗牙根（5∶3∶1∶1）20g/m²

（三）复检路至转播台边坡绿色生态建设方案

复检路至转播台的边坡根据不同设计坡率、不同土石现状的边坡，设计了四种不同的坡面绿化策略，见表 7-29～表 7-31。

表 7-29　　类型一

坡率	1∶1
边坡类型	土质边坡和土石混合边坡坡面
绿化范围	坡面
绿化策略	客土夯实＋客土喷播植生护坡坡率
规模	1560m²
具体实施	喷客土厚为 10～15cm，反铲夯实
实景照片	

表 7-30　　类型二

坡率	1∶0.75
边坡类型	土石边坡
绿化范围	坡面坡顶
绿化策略	高次团粒客土喷播植生护坡
具体实施	挂网（三向土工格栅或镀锌铁丝网），喷客土厚为 10～15cm

表 7-31　　类型三

坡率	1∶0.5
边坡类型	土质、土石混合边坡
绿化范围	坡面坡顶
绿化策略	挂网＋客土喷播
具体实施	挂网（三向土工格栅或镀锌铁丝网），喷客土厚 10～15cm

（四）隧道交通洞进口绿化方案

大型抽水蓄能电站的工程特点决定了其建设过程中会产生大规模的洞室群，包括主副厂房、主变压器洞、通风机房、母线洞、进厂交通洞、地下厂房通风洞、通风支洞、排风竖井、出线洞、排水廊道、引水支洞、施工支洞等，在地表形成洞室类入口。

交通洞、通风洞洞口的布置优化：进厂交通洞、地下厂房通风洞、排风竖井等地面洞口均由开挖形成，如何减小因洞口开挖对地面环境的影响是设计应注意的问题。进厂交通洞、地下厂房通风洞是地下厂房的主要交通通道，地面洞口原设计分别位于地下厂房两侧山坡的地面上，距业主营地较远，不利于电站的运行管理。结合工程区公路线路设计的调整，对两洞洞线和洞口的布置进行了优化。在洞口布置时，主要考虑尽量减少因洞口开挖对地面环境的影响，将两洞洞口集中布置于地下厂房左侧山坡的地面上，该部位地面植被较少，同时靠近1号公路旁边，交通方便，而且附近有较开阔的场地，方便两洞施工，又临近业主营地和中控楼，有利于对电站进行运行管理。文登抽水蓄能电站地下厂房洞室群规模庞大，立体交叉，错综复杂。在工程条件允许的情况下，将地面洞口集中布置，既方便了施工管理，又减少了对地面植被的影响。在绿化生态建设过程中，主要绿化部位包括洞脸边坡、洞顶、洞边边坡等，需在工程防护的基础上考虑绿化。主要涉及三种绿化方式，见表7-32～表7-34。

表7-32　类型一

区位	位于1号公路交通洞
坡率	1∶0.5、1∶0.3
绿化部位	洞脸边坡、坡脚
绿化策略	（1）坡面主要采用植生袋＋铁丝网固定，采用TBS绿化。 （2）利用盆栽苗作文字装饰。 （3）地块内侧的平缓场地，以及网格梁坡脚与挡墙之间绿地，保留现有植被。 （4）坡脚结合排水沟，合理砌筑种植槽，临路一侧栽植红叶石楠球、黄杨球等灌木
实景照片	

表7-33　类型二

名称	茶山隧道
区位	2号公路

续表

坡率	1∶1
绿化范围	洞脸边坡、洞顶、坡脚
绿化策略	(1) 洞脸边坡：网格梁防护，并采用客土夯实＋TBS喷播进行绿化。 (2) 洞顶：保留原生树种，并采用植生袋，栽植迎春下垂遮挡混凝土梁。 (3) 坡脚：坡脚平缓处栽植景观树种，如金叶国槐、紫叶李、松柏；临路一侧栽植石楠绿篱；地块内侧的平台，以及网格梁坡脚与挡墙之间绿地，保留现有植物，撒播波斯菊
绿化树种及规格	(1) 连翘：高 0.6m，冠幅>0.3m，20 株/m^2，密植，不露土，修剪整齐、饱满。 (2) 草花：白三叶＋紫苜蓿＋二月兰，配比 2∶2∶1，15g/m^2。 (3) 金叶国槐、紫叶李、松、红叶石楠、小叶黄杨等
实景照片	 

表 7-34　　类型三

名称	屋脊顶隧道
区位	1 号公路
绿化范围	洞顶、洞边边坡
绿化策略	(1) 洞顶：保留原生树种，在下部靠近洞脸采用混凝土封面作防护处理，防止滑坡和落石。 (2) 洞边边坡：上部利用围栏和铁丝网进行拦护。下部采用铁丝网＋客土喷播绿化

续表

实景照片	 

（五）上水库库区边坡绿化建设方案

图 7-7　上水库库区全景图

沿上水库库区设置了观光道路，未来需承担一定旅游观光的功能，因而其边坡绿化需在综合考虑工程安全、生态性的基础上，发挥景观性（如图 7-7 所示）。根据坡率、马道设置位置等不同，主要包含四种绿化建设方案（见表 7-35～表 7-38）。防护形式以拱形骨架防护为主，局部结合锚杆进行框格梁防护，在此基础上结合植生袋、植树植草、喷播等绿化手段，绿化建设方式灵活多样。

表 7-35　　**类型一**

区位	上水库库区道路边坡
坡率	1∶1
边坡类型	土质边坡和土石混合边坡坡面
绿化范围	坡面
绿化策略	客土夯实+客土喷播植生护坡坡率
规模	975m²
具体实施	喷客土厚 10～15cm，反铲夯实

续表

实景照片	

表 7-36 类型二

区位	上水库库区边坡
坡率	1∶0.75
边坡类型	土石边坡
绿化范围	坡面
绿化策略	拱形骨架防护＋植生袋
实景照片	

表 7-37 类型三

区位	上水库库区边坡
坡率	1∶0.75
边坡类型	土石边坡
绿化范围	坡面
绿化策略	方形格构梁防护＋TBS
实景照片	

表 7-38　　类型四

区位	复建路至转播台附近
坡率	1∶0.75
边坡类型	土石边坡
绿化范围	坡面
绿化策略	(1) 方形骨架防护+植生袋。 (2) 方形格构梁防护+植草。 (3) 部分平缓地带栽植松树及灌木，利用松类植物作文字模纹
实景照片	  

(六) 渣场绿化建设方案

水电站建设形成了多处渣场，由于渣场形成面积大，后期改造时首先应明确渣场未来的改造方向。以面积最大的 1 号渣场为例，根据实际回填土的土方量进行分级设计，最高层与大坝平接，形成第一级平台，可建设部分功能性建筑，并配合相关景观设计，满足游观需求（如图 7-8 所示）。中层改造成生产性农田，种植蔬菜、果树，下层结合有色树种种植改造成景观林，如图 7-9 所示。

图 7-8　最高层：回填土改造成平台

图 7-9　中层平台种植生产性作物

（七）地面开关站建设方案

文登抽水蓄能电站地面开关站位于地下厂房下游侧山坡的台地上（如图 7-10 所示），其中布置 GIS 室、地面副厂房和出线场。原设计地面开关站的西侧为六度寺沟，两者距离较近。由于六度寺沟是当地六度泉水厂、世纪泉水厂、紫经泉水厂的水源地，应尽量减少对当地环境的干扰，因此对地面开关站的位置和出线洞的布置进行了设计优化。将地面开关站的位置向东移动 100m 左右，基本上避开了六度寺沟，该处地形相对平坦，稍加开挖即可形成布置地面开关站所需的场地面积，有 4 号公路通至工程区主干道，对外交通比较方便，有利于电站运行后地面开关站的管理。

图 7-10　地面开关站

地面开关站的选址和布置往往从地形、地质条件、土建条件、施工条件、运行管理以及投资等方面出发，在进行地面开关站建筑物的布置时，除应满足机电设备布置、交通便利等要求外，还应兼顾考虑对周围环境的影响，尽量减少对环境的破坏，保护地面植被。在此基础上注意对自然边坡进行防护，见表 7-39、表 7-40。

四、小结

从工程特点上来看，边坡形态的生态绿化建设仍为文登抽水蓄能电站绿色生态建设项目（简称文登项目）的主要工作内容，且主要集中在道路两侧边坡、上水库库区边坡以及隧道和交通洞洞脸边坡的绿化。在边坡绿化的过程中，影响其绿化策略的主要因子

表 7-39　　类型一

坡率	1∶1
边坡类型	土质边坡
区位	地面开关站南侧、北侧
绿化范围	坡面
绿化策略	覆土＋撒播草籽
具体实施	覆 300mm 种植土，撒播草籽，共 2423.86m^2
实景照片	

表 7-40　　类型二

坡率	1∶1
边坡类型	混凝土/岩质边坡
区位	地面开关站东侧、西侧
绿化范围	坡面，共计 997.17m^2
绿化策略	挂网＋客土喷播
实景照片	

为坡率及边坡类型。文登项目中，边坡类型主要包括土质边坡、岩质边坡、土石混合边坡及施工过程中形成的喷混边坡，边坡主要坡率集中于 1∶0.3～1∶1.7 之间，结合实地考察综合评价其绿化效果，进一步总结文登项目对同类型项目的启示。

在文登项目中，主要按照边坡的物质组成、坡率及绿化方向进行绿化策略的制定。总体上而言，坡率小于 1∶1.5 的缓坡地带多采用直接栽苗的手段。1∶1.5～1∶1 的边坡主要采用客土夯实＋客土喷播的手段，陡于 1∶1 的岩质边坡设计时主要采用挂网＋TBS 进行防护和绿化。实地考察发现，在高陡边坡中，植生袋＋挂网＋TBS 的方式在复绿时取得了较为可观的效果。在近垂直岩质边坡，综合采取了以下三项措施：①施工时注意保留坡顶原生植物；②在岩面的局部凹凸地带依势砌筑种植槽；③沿坡脚砌筑挡土墙，进行蓄土栽苗。文登项目中也广泛使用框格防护＋植草/植生袋综合防护的措施，包括拱形、方形等形式的骨架防护，在局部地形不稳定状态，使用格构梁防护，山东文登抽水蓄能电站绿色生态建设实施方案快速索引表见表 7-41，文登项目应用植物统计表见表 7-42。

表 7-41　山东文登抽水蓄能电站绿色生态建设实施方案快速索引表

部位类型	区位	类型：场地位置	类型：绿化位置	坡率	物质情况：物质组成	物质情况：风化程度	绿化技术：栽培方式	绿化技术：技术辅助	防护辅助技术	植物择选
道路	2 号公路	近隧道口前路旁	场地节点	平缓	土质	—	栽苗	种植穴		山桃＋沙地柏
	4 号公路	路口交汇处				—	栽苗	结合景观置石做组团设计		刺槐＋迎春＋沙地柏
	3 号公路	公路边坡	坡面	1∶2	岩质边坡	强风化	直接撒种	—	覆土（300mm）	白三叶＋紫苜蓿＋二月兰（2∶2∶1.15g/m^2）
	3 号公路			1∶1.5～1∶2	土石混合边坡	—	种子	液力喷播	覆土（300mm）	
	4 号公路									
	1 号公路、复检路至转播台边坡			1∶1	土质、土石混合		种子	客土喷播	客土夯实	
	2 号公路				土质	—				
	3 号公路				土石混合边坡	强风化				
	4 号公路									
	2 号公路			1∶1	水泥抹面		种子	客土喷播	挂网	
	1 号公路			1∶0.5，1∶0.76	土质、土石混合	—	种子	客土喷播	挂网	
	复检路至转播台边坡			1∶0.5					挂网	
	1 号公路			1∶0.5，1∶0.76	土石边坡	—	种子	高次团粒客土喷播		紫穗槐＋刺槐（每种 5g/m^2）＋黑麦草、狗牙根（每种 5g/m^2）＋波斯菊、野菊花、蒲公英（3～5g/m^2）
	3 号公路			1∶0.5～1∶0.75	岩质边坡	强风化	种子			紫穗槐＋刺槐（每种 5g/m^2）＋黑麦草、狗牙根（每种 5g/m^2）＋波斯菊、野菊花、蒲公英（3～5g/m^2）
	复检路至转播台边坡			1∶0.75	—	—	种子			
	2 号公路			1∶0.75	喷混边坡	—	坡脚栽苗	—	挂绿色包塑铁丝网	五叶地锦＋连翘＋草花（白三叶＋紫苜蓿＋二月兰，配比 2∶2∶1.15g/m^2）
	2 号公路			1∶0.5 及以上	喷混边坡					
	3 号公路			大于 1∶0.5	喷混、岩质、土石混合边坡		种子＋坡脚栽苗	生态袋		爬山虎：多花木兰、胡枝子＋狗牙根、高羊茅、黑麦草
	3 号公路		坡面、坡脚	1∶0.3～1∶0.5	岩质边坡	强风化	坡脚栽苗	—	—	爬山虎
	3 号公路			1∶0.3	喷混边坡	—		—	挂绿色包塑铁丝网	
	1 号公路				岩质边坡	—		种植槽		
	3 号公路			1∶0.1～1∶0.3	岩质边坡	弱风化/强风化		—	—	
	3 号公路		坡面、坡脚	近垂直	岩质边坡	弱风化	坡脚栽苗	坡脚挡土墙蓄土	挂主动防护网	五叶地锦＋连翘

续表

部位类型	区位	类型：场地位置	类型：绿化位置	坡率	物质情况：物质组成	物质情况：风化程度	绿化技术：栽培方式	绿化技术：技术辅助	防护辅助技术	植物择选
库区边坡	上水库库区边坡	上水库库区边坡	坡面	1∶0.75	土石边坡		种子	高次团粒 客土喷播		紫穗槐＋刺槐（每种 $5g/m^2$）＋黑麦草、狗牙根（每种 $5g/m^2$）＋波斯菊、野菊花、蒲公英（$3\sim5g/m^2$）
				1∶0.5	土质、土石混合		种子	客土喷播	挂网	
隧道洞口	2 号公路北茶山隧道	隧道洞口（2 号、3 号公路交汇）	洞脸边坡	1∶0.5	岩质边坡	弱风化	—	—	挂绿色包塑铁丝网	
			坡顶	—			栽苗	植生袋	—	五叶地锦
			坡脚	—						
		隧道进口	道路两侧绿化	平缓	土质	—	栽苗	—	—	石楠
			平缓整形场地	平缓	土质	—	直接撒种	—	—	波斯菊
			网格梁坡面	—	—		种子	客土喷播	客土夯实	
			网格梁边坡顶部	—	—	—	栽苗	植生袋		迎春
渣场	1 号渣场	弃渣回填坡面		—	土质	—	栽苗/种子		清石＋覆土（300mm）	景观植物、结合经济性作物
泵站	二级泵站	泵站边缘	平缓条状整形场地	平缓	—	—	栽苗	整地＋换土 500mm（视实际情况）		樱桃
	四级泵站	二级至四级泵站间输水线路沿线宽约 2 米范围内		—	—	—	直接撒种		清石＋覆土（300mm）	紫穗槐＋多花木兰＋白三叶＋狗牙根（5∶3∶1∶1，$20g/m^3$）
	五级泵站									
地面开关站	4 号公路附近	地面开关站南侧、北侧	坡面坡顶坡脚	1∶1.1	土质	—	直接撒种		清石＋覆土（300mm）	紫穗槐＋多花木兰＋白三叶＋狗牙根（5∶3∶1∶1，$20g/m^3$）
		地面开关站东侧、西侧	坡面	1∶1.1	混凝土/岩质边坡		种子	客土喷播	挂主动防护网	

注 1. 本简表根据山东文登抽水蓄能电站绿色生态建设实施方案按照工程部位整理。

2. 文中“—”为方案中未注明条件或不限制条件。

表 7-42　文登项目应用植物统计表

序号	名称	拉丁文	科	栽植地点	生长型	植物特性
1	山桃	Amygdalus davidiana	蔷薇科	平缓地点	乔木	分布于中国山东、河北、河南、山西、陕西、甘肃、四川、云南等地。生于山坡、山谷沟底或荒野疏林及灌丛内：该种抗旱耐寒，又耐盐碱土壤，在华北地区主要作桃、梅、李等果树的砧木，也可供观赏
2	樱桃	Prunus pseudocerasus	蔷薇科	平缓地点	乔木	适宜土壤 pH 值为 6.5～7.5 的中性环境，在土层深厚、土质疏松、通气良好的砂壤土上生长较好
3	多花木兰	Magnolia multiflora	木兰科	坡面	乔木	是抗性强的水土保持树种。又是较好的饲用灌木、多花木兰花序大，小花多，颜色淡红，花期长，是很好的蜜源植物和庭园绿化植物
4	刺槐	Robinia pseudoacacia	豆科	坡面	乔木	不易风倒，适应性强，为优良固沙保土树种。原产美国，北纬 23°～46°、东经 86°～124°都有栽培。温带树种，在年平均气温 8～14℃、年降雨量 500～900mm 的地方生长良好
5	沙地柏	Sabina vulgaris Antoine	柏科	坡面	常绿灌木	耐旱性强。喜光，喜凉爽干燥的气候，耐寒、耐旱、耐瘠薄，对土壤要求不严，不耐涝。适应性强，生长较快，扦插宜活，栽培管理简单
6	石楠	Photinia serratifolia	蔷薇科	坡面	常绿灌木	喜光稍耐荫、深根性，对土壤要求不严，但以肥沃、湿润、土层深厚、排水良好、微酸性的砂质土壤最为适宜，生于海拔 1000～2500m 的杂木林中。能耐短期－15℃的低温，喜温暖、湿润气候，在中国河南焦作、陕西西安以山东等地能露地越冬
7	胡枝子	Lespedeza bicolor	豆科	坡面	常绿灌木	耐旱、耐瘠薄、耐酸性、耐盐碱、耐刈割。对土壤适应性强，在瘠薄的新开垦地上可以生长，但最适于壤土和腐殖土。耐寒性很强，在坝上高寒区以主根茎之腋芽越冬，在翌年 4 月下旬萌发新枝，7～8 月开花，9～10 月种子成熟，刈割期为 6～9 月，再生性很强，每年可刈割 3～4 次
8	连翘	Forsythia suspensa	木樨科	坡脚	落叶灌木	喜光，有一定程度的耐阴性；喜温暖、湿润气候，也很耐寒；耐干旱瘠薄，泊涝；不择土壤，在中性、微酸或碱性土壤均能正常生长
9	迎春	Jasminum nudiflorum	木樨科	坡脚	落叶灌木	喜光，稍耐阴，略耐旱，怕涝，在华北地区和鄢陵均可露地越冬，要求温暖耐湿润的气候、疏松肥沃和排水良好的沙质土，在酸性土中生长旺盛、碱性土中生长不良。根部萌发力强；枝条着地部分极易生根
10	紫穗槐	Amorpha fruticosa	豆科	坡面	落叶灌木	喜欢干冷气候，在年均气温 10～16℃，年降水量 500～700mL 的华北地区生长最好。耐寒性强，耐干旱能力也很强，能在降水量 200mL 左右地区生长。也具有一定的耐淹能力，虽浸水 1 个月也不至死亡。对光线要求充足。对土壤要求不严
11	波斯菊	Cosmos bipinnata	菊科	坡面	开花草木	喜温暖和阳光充足的环境，耐干旱，忌积水，不耐寒，适宜肥沃、疏松和排水良好的土壤栽植

续表

序号	名称	拉丁文	科	栽植地点	生长型	植物特性
12	野菊花	Chrysantemum indicum	菊科	坡面	开花草本	喜凉爽湿润气候，耐寒。以土层深厚、疏松肥沃、富含腐殖质的壤土栽培为宜。多生于山坡草地、灌丛河边水湿地，海滨盐渍地及田边、路旁
13	蒲公英	Taraxacum mongolicum	菊科	坡面	开花草本	适应性广，广泛生于中、低海拔地区的山坡草地、路边、田野、河滩
14	狗牙根	Cynodon dactylo	禾本科	坡面	草本	狗牙根其根茎蔓延力很强，广铺地面，为良好的固堤保土植物，广布于中国黄河以南各省，北京附近已有栽培；全世界温暖地区均有分布。多生长于村庄附近、道旁河岸、荒地山坡
15	黑麦草	Lolium perenne	禾本科	坡面	草本	喜温凉湿润气候。宜于夏季凉爽、冬季不太寒冷地区生长、耐寒耐热性均差，不耐阴。较能耐湿，不耐旱。对土壤要求比较严格，喜肥不耐瘠。略能耐酸，适宜的土壤 pH 值为 6～7
16	高羊茅	Festuca elata	禾本科	坡面	草本	喜寒冷潮湿、温暖的气候，在肥沃、潮湿、富含有机质、pH 值为 4.7～8.5 的细壤土中生长良好。不耐高温；喜光，耐半阴，对肥料反应敏感，抗逆性强，耐酸、耐瘠薄，抗病性强。分布于中国广西、四川、贵州。生于路旁，山坡和林下
17	麦冬	Ophiopogon japonicus	百合科	坡面	草本	喜温暖湿润，降雨充沛的气候条件，5～30℃能正常生长，最适生长气温为 15～25℃，低于 0℃或高于 35℃停止生长，生长过程中需水量大，要求光照充足。麦冬对土壤条件有特殊要求，宜于土质疏松、肥沃湿润、排水良好的微碱性砂质壤土
18	芦苇	Phragmites communis	禾本科	坡面	草本	为全球广泛分布的多型种。生于江河湖泽、池塘沟渠沿岸和低湿地。除森林生境不生长外，各种有水源的空旷地带，带以其迅速扩展的繁殖能力，形成连片的芦苇群落
19	爬山虎	Parthenocissus tricuspidata	葡萄科	坡脚	木质藤本植物	适应性强，性喜阴湿环境，但不怕强光，耐寒，耐旱，耐贫瘠，气候适应性广泛。耐修剪，怕积水，对土壤要求不严，阴湿环境或向阳处，均能苗壮生长、但在阴湿、肥沃的土壤中生长最佳。它对二氧化硫和氯化氢等有害气体有较强的抗性，对空气中的灰尘有吸附能力。生性随和，占地少、生长快，绿化覆盖面积大
20	五叶地锦	Parthenocissus quinquefolia	葡萄科	坡脚	木质藤本植物	喜温暖气候，具有一定的耐寒能力，耐荫、耐贫瘠，对土壤与气候适应性较强，干燥条件下也能生存。在中性或偏碱性土壤中均可生长

文登案例植物搭配组合：①山桃＋沙地柏；②连翘＋白三叶＋紫苜蓿＋二月兰＋五叶地锦；③石楠＋波斯菊；④连翘＋五叶地锦；⑤白三叶＋紫苜蓿＋二月兰；⑥刺槐＋迎春花＋沙地柏；⑦紫穗槐＋多花木兰＋白三叶＋狗牙根；⑧紫穗槐＋刺槐＋波斯菊＋野菊花＋蒲公英＋黑麦草＋狗牙根；⑨紫穗槐＋芦苇＋高羊茅＋麦冬＋狗牙根；⑩多花木兰＋胡枝子＋高羊茅＋黑麦草＋狗牙根

除了复绿的目标，还需要结合后期改造的方向进行综合性设计。如道路绿化过程中，除了道路两侧边坡绿化外，需综合考虑观景平台、停车场、错车平台的绿化需求，除了利用植草砖＋铺草坪进行局部绿化外，往往可栽植灌木和点景树，有更多景观性的发挥空间。

从绿化树种上来看，文登项目所在地区可以选用的植物品种较多，其中黑松、槐树等具有较好的生长性，樱桃、山桃、槭树等具有较好的景观效果，在喷播草种中，刺槐、紫穗槐为主的灌木绿化效果尤其突出。文登项目应用植物统计表见表 7-42。

第二节　敦化抽水蓄能电站绿色生态建设分析

一、现状分析

（一）工程概况

敦化抽水蓄能电站项目（简称敦化项目）位于吉林省敦化市北部，工程区距敦化市公路里程 111km，距吉林市公路里程 280km。敦化电站 4 台机组全面投产后，对于有效缓解东北地区电网调节能力不足问题，促进风、光等清洁能源消纳，减少二氧化碳排放等方面具有积极的作用和影响，属于一等大（1）型工程。电站装机容量为 1400MW，电站枢纽工程由上水库、水道系统、地下厂房及地面开关站、下水库等建筑物组成。电站上水库布置于海浪河源头区樱桃沟内，正常蓄水位为 1391.0m，死水位为 1373.0m。电站下水库位于东北岔河源头冲沟内，正常蓄水位为 717.0m，死水位为 690.0m。工程建设征地总面积为 444.10hm^2，布置有 3 个弃渣场和 1 个临时暂存场（如图 7-11 所示）。

（二）地质条件

工程区土壤的垂直分布规律明显，中、低山的顶部分布针叶林灰化土，下部分布灰棕壤，山麓台地和河谷台地分布白浆土，沿河阶地分布冲积土。

（三）气候特征

工程区属大陆性季风气候，多年平均降水量为 804.0mm，上水库多年平均气温为－2.6℃，下水库多年平均气温为 0.9℃，多年平均蒸发量为 1217.8mm，项目区最大风速为 25.7m/s；多年平均风速为 2.8m/s；多年平均相对湿度为 69％。

（四）植物资源

敦化市属于长白山山脉北部的高寒地区，整体地势走向西高而东低，地貌主要有山地、丘陵、台地及河谷平远四种类型，其中山地占总面积为 74.4％，得益于丰富的降水和肥沃土壤，该地区植物生长旺盛，森林资源丰富，可分为原始林、过伐林、次生林等类型，其中原始林群落以红松林为优势树种的针阔乔木树种有十多种，主要灌木超过 30 种，常见的有红松与云杉、冷杉混交林，云杉、冷杉与长白落叶松和杨树、桦树混交林，还有被誉为“美人松”的长白松林（仅限于长白山北坡）和以岳桦、钻天杨为优势树种的混交林等。

过伐林又叫原生次生林，是介于原始林和次生林之间的一种过渡森林类型，属于不稳定的森林植被类型，敦化主要以遭遇破坏后残留的阔叶红松林为主的阔叶混交。

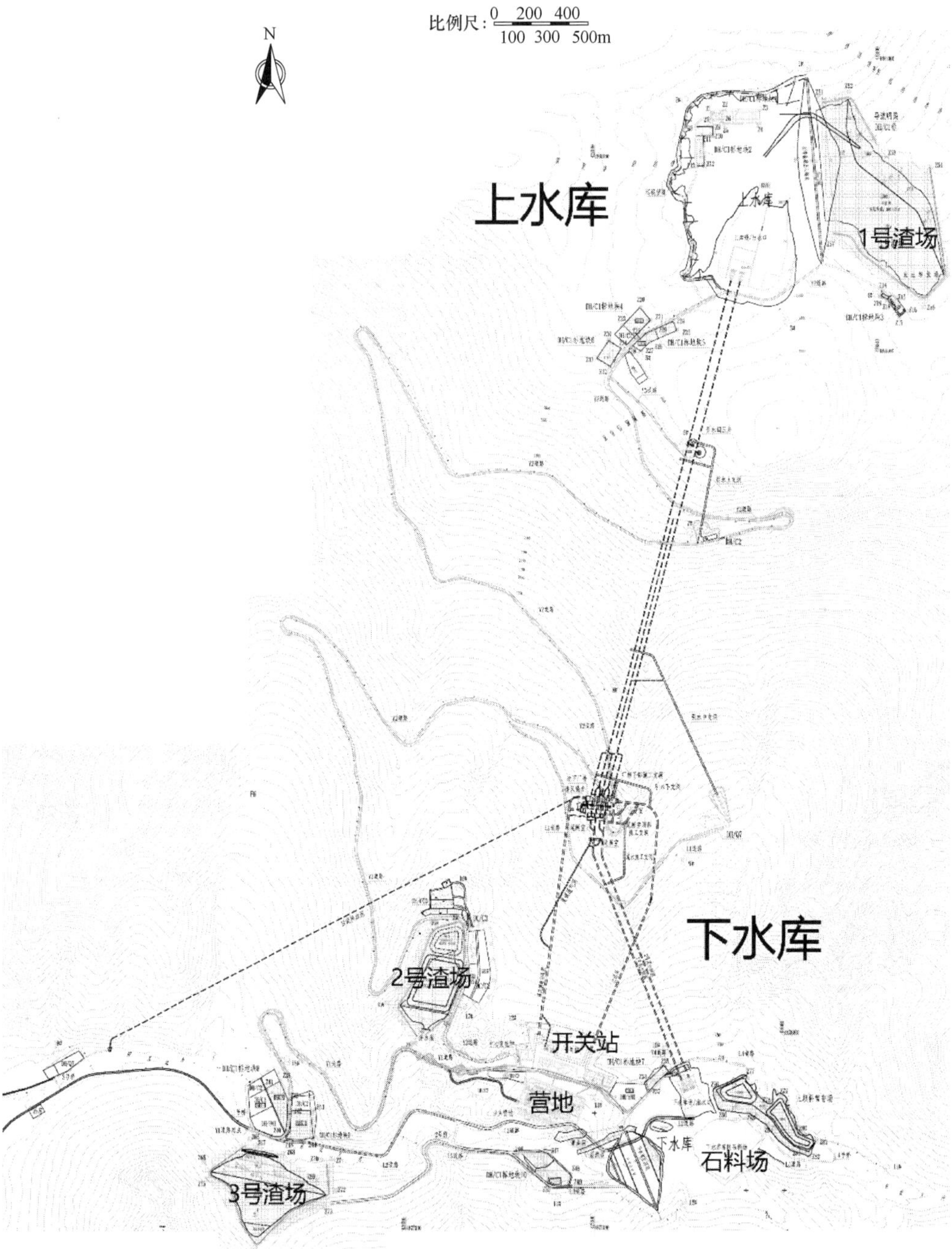

图例：施工场地 供水线路 取水泵站 供电线路 施工道路

图 7-11　敦化抽水蓄能电站平面布置图

次生林是原始林经过采伐、火烧、开垦等人为或自然的严重破坏，在极大程度上失去了地带性森林植被的固有面貌，发生树种更替后的森林，敦化项目工程区的植被大多为次生的针阔混交林，树种主要为云杉、落叶松、红松、冷松等，工程区内林草植被覆盖率达到85%以上（见图7-12）。

图7-12　当地原生森林资源

二、绿色生态建设策略

实际调研的过程中，相较于其他抽水蓄能电站，发现该地区具有以下几项特征：

（1）从地貌上看，极端高陡边坡较少，多为1∶1左右的土质边坡。

（2）本土植物的自我恢复能力极强，由于位于东北林区范围内，植物种子很方便传播并实现群落的自我更新和演替，展现出顽强的本土生命力。

（3）由于紧邻林场，在生态绿化建设过程中，需优先考虑林场的生态保护规定和策略，并落实到工程防护、植物配置、养护等各方面。

因此，该项目的生态绿化策略在植物恢复方面具有“低介入”的特点，这就要求在工程防护阶段需在满足工程安全的前提下，不断探求“低影响”的防护措施，保护原生植物，为后期植物的生长恢复创造更接近本土的环境。同时工程绿化首先应以当地林场的管理规定优先进行恢复，植物品种也应符合林场植物保护的相应规定。

（一）水土流失范围

敦化抽水蓄能电站水土流失防治责任范围为项目建设区和直接影响区，总面积为480.42hm^2，其中项目建设区以施工征地为界，面积为444.10hm^2，直接影响区为下水库坝址下游影响河段、永久及临时道路下边坡等施工过程中可能造成水土流失危害的区域，主要包括渣场、料场、道路边坡、上下水库库区边坡、隧道交通洞、地面场站及生活营地等区域范围（见图7-13）。

（二）防护措施

（1）1号渣场采用浆砌石重力式防护措施、排水渠（见图7-14）。

（2）2号渣场采用浆砌石重力式防护措施、排水渠。渣场挡水坝采用重力式浆砌石坝。

（3）3号渣场采用浆砌石重力式防护措施，渣场挡水项采用重力式浆砌石坝。

（4）上坝料暂存场采用钢筋石笼挡护措施（见图7-15）。

（5）施工公路区防治措施。全区公路两侧边坡的物质组成主要包括土质边坡和高风

图 7-13　上水库工程创面

图 7-14　1 号渣场

图 7-15　局部石笼挡护的料场

化岩石陡坡两类。两者分别存在严重的滑沙、滚石、落石等严重影响工程施工和后期安全的问题。对于高风化岩石陡坡主要采用了挂支护网防护、混凝土封面等策略。相对低矮的土质缓坡，则主要采取拦挡、护坡、排水等工程措施，保护开挖及填筑边坡稳定，防止新增水土流失，并在前 1～2 年及时清理沙保护挡土墙及路基。道路两侧一般采取植物自主恢复的策略，经实地验证，本地植物的自我恢复情况良好。但在部分恢复困难的区域进行人工补植，在人工整地的基础上，结合绿化工程措施进行坡面种植（见图7-16、图7-17）。

图7-16　道路边坡挡土墙、防护网、混凝土封面防护

图7-17　道路边坡石笼挡土墙

（6）料场区。由于料场的开采破坏了原坡地的组成结构，在遭遇汛期较大流量的洪水时，坡面冲刷的结果将会造成水土流失，因此，库盆开挖过程中防治的重点是开采过程的水土流失防治措施（见图7-18）。开采过程中应严格按照设计开采工艺和开采范围作业，尽量采用水平开挖方式，减少坑凹的数量，开采完毕后形成台阶状的岩面，增加稳定性。水土保持措施主要包括截排水措施、表土剥离措施。

（7）隧道交通洞口。由于地质的特殊性，在实际施工期间首先对洞脸进行了喷混封面的处理，之后进行了骨架加固防护，并在框格内覆土，撒播草籽进行绿化，保留洞顶原生植物，在洞顶结合截排水设施进行分级防护（见图7-19）。

（8）地面开关站及生活营地以场地的排水和边坡挡护为主，并辅以适当的护坡措施。台阶式场地高差较大时，设置挡护和排水设施，排水设施应结合施工布置。边坡挡护应根据场地建设实际情况设置，实际考察中发现主要采用了多种形式的骨架防护，包括菱形、拱形等（见图7-20、图7-21）。以保护边坡稳定和场地的安全，防止水土流失。

图 7-18　上水库料场现状

图 7-19　交通洞洞脸边坡防护及绿化

图 7-20　营地边坡骨架防护

（三）植物生态绿化策略

1. 渣场

工程区内的三处渣场所在场地均为当地林场临时租用，根据林场的管理规定，在工程结束后需恢复成自然状态并按期归还。在施工过程中注意分级堆放和马道设计，通过排水沟渠的设计满足排水需求，在此基础上使其自然沉降。实际考察过程中发现，自然

图 7-21　营地边坡分层多形式绿化

堆放的渣场在短时间内便能自主生长出植物，与周围环境融合情况较好（见图 7-22）。如果有必要也可根据林场要求，适当覆土，补植部分乔灌木。

图 7-22　分级堆放渣场自然恢复情况

2. 料场

料场分为石料和土料。其中工程区内石料场在前期即设定在蓄水后常水位下，因此无须考虑后续绿化，上水库的土料场在后期结合周边的观景平台进行客土覆土绿化（见图 7-23）。

图 7-23　部分料场开始自主植物恢复，后续结合观景平台恢复提升

3. 道路

以“低介入”的原则，在必要性工程防护的基础上自主恢复，具体防护措施主要参照本小节（二）(5)“施工公路区防治措施”中的防护手段。(见图 7-24、图 7-25)。

图 7-24　典型道路“低介入”植物恢复策略

图 7-25　道路两侧绿化

4. 上、下水库大坝

上、下水库大坝采用沥青混凝土心墙堆石坝，为严寒地区首例，各项性能表现优秀。在实地考察中发现，堆石坝面在稳固的前提下，还能给当地植物生长预留一定空间条件，结合植物根茎的交织作用进一步实现加固，并有较好的视觉效果，应注意避免浆砌块石的坝面处理。同时，大坝坝顶可结合使用混凝土植生槽覆土绿化。上水库大坝视野开阔，其大坝边坡绿化结合观景台、瞭望台等进行恢复设计（见图 7-26、图 7-27)。

5. 地面开关站及生活营地

地面场站及生活营地周围的边坡主要介于 1：1.0～1：1.5 之间，采取了分级的绿化方式。地面场站周围以设备安全为前提，以灌草型植物绿化为主，在外围逐步增加行道树绿化（见图 7-28、图 7-29)。而生活营地区域作为工作人员的主要生活区域及接待

图 7-26　坝面

图 7-27　坝顶种植槽绿化

等需求，绿化恢复的同时强调景观效果。一方面植物品种多样，且注意彩叶树种、花灌木、草花等的多季相组合，主要包括梣叶槭、赤松、云杉、黑松、红松、胡枝子、沙地柏、铺地柏、胡枝子、刺槐、金焰绣线菊、柳叶绣线菊、紫叶李、毛樱桃、榆叶梅、红瑞木、紫丁香、玉簪、白三叶、草地早熟禾、蒲公英、草木犀、珍珠梅、益母草、茶条槭、青杆、落叶松、樟子松、苹果、梨等；另一方面结合景观小品、栈道、亭等进行场地设计，满足观景和休憩需求（见表 7-43）。

图 7-28　地面场站绿化

图 7-29 生活营地绿化及景观提升

表 7-43　　　　　　　　吉林敦化抽水蓄能电站植物措施分析

<table>
<tr><td>名称</td><td>敦化抽水蓄能电站</td><td>容量（万 m³）</td><td>1400MW</td></tr>
<tr><td rowspan="6">绿色生态防护技术</td><td>1 号渣场</td><td colspan="2" rowspan="3">（1）渣场顶部：红松、云杉、紫穗槐、榆叶梅、无芒雀麦、紫花苜蓿。
（2）边坡：榆叶梅、丁香、胡枝子、卫矛、无芒雀麦、紫花苜蓿</td></tr>
<tr><td>2 号渣场</td></tr>
<tr><td>3 号渣场</td></tr>
<tr><td>施工公路区</td><td colspan="2">（1）永久公路两侧：樟子松、紫穗槐为主的乔灌木混交防护林。
（2）临时道路路面及具备绿化条件的开挖坡面：落叶松、紫穗槐、胡枝子、无芒雀麦、紫花苜蓿</td></tr>
<tr><td>料场区</td><td colspan="2">撒播草地早熟禾</td></tr>
<tr><td>施工辅助设施区</td><td colspan="2">红松、樟子松、榆叶梅、丁香、胡枝子、无芒雀麦、紫花苜蓿</td></tr>
</table>

第三节　天荒坪抽水蓄能电站绿色生态建设分析

一、现状分析

（一）工程概况

天荒坪抽水蓄能电站位于安吉县境内，电站前期准备工作于 1992 年 6 月启动，1994 年 3 月 1 日正式动工，1998 年 1 月第一台机组投产，总工期八年，于 2000 年 12 月底全部竣工投产。天荒坪电站是我国目前已建和在建的同类电站单个厂房装机容量最大、水头最高的一座；也是亚洲最大、名列世界第二的抽水蓄能电站，电站主要设备均从国外引进。电站枢纽主要由上水库和下水库、输水系统、中央控制楼和地下厂房等部分组成。电站下库位于海拔 350m 的半山腰，是由大坝拦截太湖支流西苕溪而成。主厂房是电站的心脏。在天荒坪电站上、下水库间的大山中凿有长达 22km 的洞室群，大小洞室 45 个，构成电站主、副厂房区。整个地下厂房全长 200m，宽 22m，高 47m，6 台 30 万 kW 机组一字排开，构成壮观的地下厂房景观。电站上水库位于海拔 908m 的高山之巅，是利用天荒坪和搁天岭两座山峰间的千亩田洼地开挖填筑而成，并有主坝和四座副坝及库岸围筑，整个上水库呈梨形。平均水深 42.2m，库容量 885 万 m^3，相当于一个西湖。

（二）自然概况

1. 地理区位

天荒坪抽水蓄能电站位于浙江省安吉县东南部，坐落在天荒坪镇大溪村与横路村境内，方圆 30 多 km^2，与杭州临安市相毗连，系天目山麓支脉。该区地理位置处在东经 119°35′05″～119°36′20″，北纬 30°26′00″～30°27′00″。电站交通便利，临青省道横穿藏龙百瀑及电站下水库库区，距安吉县城 15km、杭州 68km、湖州 62km、上海 240km，上海、南京至此仅需 3h 车程。

2. 地质地貌

天荒坪镇地壳为花岗岩，据测为 700 万年前侏罗纪时期火山喷发而形成的，地层为火山岩和火山岩碎屑沉淀，厚度为 792～1820m，地表为黏土层。大溪山由南向北延伸，东面起自塔岭到东亭山，西起平顶山、和尚山，绵延三十余里。东西两侧山体呈肋状向中间河流倾斜，山势陡峭，最高峰海拔 1167m，最低峰海拔 300m 左右。

3. 气候植被

电站地处浙江省西北地区，属于亚热带季风气候，光照充足、气候温和、雨量充沛、四季分明。春季回暖快，秋季来得早，冬季多严寒。由于受地形的影响，常年平均气温在 20～22℃之间，夏季凉爽舒适，宁静幽雅。冬季较为寒冷，最低气温可达零下 14℃，在小雪的节气前后，开始下高山雪，最大的雪一昼夜可积 60cm，百瀑冰凌，雪景迷人。电站植被以亚热带常绿阔叶树与亚热带针、阔叶混交林为主，竹类资源丰富，以毛竹为主构成“竹乡”特色。

4. 水文条件

电站地处天荒坪大溪村、横路村范围，主要河流为大溪。大溪源自市岭，向北至山河港，流往白水湾、塘埔、楠溪，注入大闸，全长约 16km，流域而积约 30km^2。大溪水量充沛，尤以横坑址水流量最大，河床时宽时窄，最宽约 300m，最窄约 10m，在水流常年冲刷下，河床岩石裸露，积水成谭，水质清澈。大溪属岩浆岩、火山岩类裂缝水含水岩组，水层富水性较弱，水质较好（见图 7-30）。

（三）创面概况

天荒坪抽水蓄能电站的主要工程创面集中于永久建筑物及管理区、临时施工场地、弃渣场、料场及堆场、切割山体边坡等部位。

二、绿色生态建设策略

（一）渣场

工程动用的土石量较大，大量松散的覆盖层表土和岩石碎块从开挖面剥离，搬运到工程规划设计的弃渣场重新堆积，破坏了弃渣场范围内自然状态下的稳定与平衡，导致土壤的保水性能降低，抗蚀性、抗冲性减弱。

1. 工程防护措施

潘家岭弃渣场在 1994 年汛前已实施防护工程，包括挡渣墙和排水涵管。前后共经

图 7-30　天荒坪抽水蓄能电站

过三次施工、加固，前两次是干砌石挡墙，第三次为干砌石挡墙外包碳 15 素混凝土。为确保挡墙稳定，对毁坏的排水设施进行修复，并增设渣体边缘坡面排水沟和挡墙排水孔。该渣场渣体堆置成 4 个平台，为确保堆渣体稳定并为复垦、绿化创造条件，对平台和边坡进行整治。平台平整成顺坡，坡降以 1%～1.5%为宜，边坡坡率 1∶1.5，在最下一级平台坡脚处设置高 2m 浆砌石挡墙。长 60m，顶宽 1m，高 4.10m，底宽 5.6m，挡墙内坡坡率为 1∶0.7，外坡坡率为 1∶0.35。排水涵管采用双根预制钢筋混凝土管，涵洞长度为 365m，直径为 1.2m，涵洞上游采用引水明渠、沉砂前池将水引向涵洞。

2. 绿化措施

渣场顶面在人工植草的基础上，有针对性地采取了复垦、园地建设等措施。在具备复耕条件的渣场进行旱地复垦，种植玉米、番薯、南瓜等；对具备建设园地条件的渣场顶面，完成以梅花园为主体的风景园地建设，并点缀有龙柏等，周边种植花篱；另有部分渣场顶面营造毛竹林。各渣场坡面植被恢复以植草防护为主，并兼植葛藤，小块竹林和小灌木等。各弃渣场人工植物措施实施后，继续进行人工抚育管理，并对弃渣场进行封育管理，促进了植物群落的自然演替和恢复。

工程设置的 5 个弃渣场表面植被多已恢复，林草覆盖率已达到 70%。对主要堆置工程开挖石渣的弃渣场，因土料缺乏，渣体表面石渣裸露，后期渣面为风化岩石碎屑，周边栽植的葛藤向渣面攀爬，植被覆盖率较低（见表 7-44）。

表 7-44　渣场植被恢复情况一览表

名称	占地面积（万 m^2）	渣场形式	堆渣量（万 m^3）	绿化措施	植被覆盖率（%）
潘家岭	14.72	坡面渣场	73.00	坡面、坡顶	70
烂田坞	5.33	冲沟渣场	21.25	顶部复建为梅林园	60
支洞口	0.3	坡面渣场	1.00	自然恢复、葛藤	10（有石渣裸露）
磨石坑	1.08	冲沟渣场	6.00	坡面绿化	75
赤坞	14.67	坡面渣场	160.00	坡面绿化	50（有石渣裸露）
合计	36.10		261.25		60.1

（二）大坝

绿化部位主要为背水坝面。工程在枢纽区的主、副坝背水坡采用网状框格作依托，以植草皮的形式实施护坡措施，草皮选用耐干旱、严寒和对土壤条件要求不高的马尼拉草，另外在局部地块布设绿化带和栽植花灌木进行带状和点状绿化美化，其中西副坝边坡根据其立地条件在框格植草中配置樱花，形成坡式樱花园地。

（三）道路

对稳定性差的边坡，实施了松动块石的清理、混凝土贴坡支护、锚筋、挂网喷混凝土和干砌挡墙等防治措施，并在公路两侧设置排水沟、涵洞（管）。石质道路边坡，结合挂网喷混和锚杆支护实施挂网喷播，同时在坡脚设置种植槽栽植爬山虎进行藤本植物复绿。环库道路开关站道路等对于景观要求较高的道路两侧，绿化时以行道树形式种植乔木、低矮花灌木，树下铺植草皮完成环路绿化美化。尤其是上、下水库连接道路，通过人工植被建设结合自然植被恢复和路边耕地、园地融为一体，沿路形成线型绿色廊道景观。

（四）地面开关站

为确保开关站等建筑物安全，高程 500m 以下的整个坡面采用锚索、锚杆、挂网喷混凝土和混凝土撑墙。在开关站边坡设置多道拦石墙，防止滚石，对 500m 高程以上的开关站边坡局部稳定性差部位也进行了加固处理，滑坡处理工程采用以“削头减载、强化排水为主，支护加固、监测‘预警’为辅”的综合治理措施，开挖坡面全部用浆砌石封闭，确保了工程安全，达到了水土保持的要求。

（五）料场

工程设淡竹湾采石场和乌石头 2 处砂石料堆放场。淡竹湾采石场位于上水库主坝东侧 440m 处，依托开挖边坡坡脚挡渣墙，在其内侧种植葛藤，长势较弱，坡面覆盖率为 15%；开采形成的水平迹地，进行了整地覆土，植被恢复良好，覆盖率达到 70%。乌石头砂石料堆场原为弃渣场，在完成渣顶平整和堆渣坡脚干砌石挡墙及排水涵洞等拦渣、排洪措施后，作为砂石料堆放场。施工结束后完成场地平整，通过播撒草籽和封育等措施，植物以当地适生草本植物和小灌木为主，植被已基本恢复，覆盖率达 45%（见图 7-31）。

图 7-31　天荒坪抽水蓄能电站现场

对施工场地内的临时堆料场，在场地平整后进行植被绿化和美化，在场地道路两侧种植乔木，树下为小灌木红花继木和小叶黄杨，边坡采取框格植草，框格内原铺马尼拉草皮，目前部分已被当地草种替代，长势良好，覆盖率达 85%。

对利用山丘地形经挖、填形成的施工场地，在施工结束后按要求移交地方。但移交后地方未及时利用，采取封禁方式进行植被自然恢复，以当地自然生长的禾本科草本植物为主，兼有少量小灌木，除局部因场地覆盖层较薄而植物长势较差外，总体情况较好，覆盖率达到 60%（见表 7-45）。

表 7-45　　工程区主要植物措施布设情况表

工程区域	工程措施	绿化措施	植物选择
背水坝坡	网格梁防护	网状框格植草，花灌木点缀	马尼拉草皮、栽植樱花
开挖边坡	稳定性差的边坡采取锚索、锚杆、挂网喷混凝土、混凝土撑墙＋拦石墙	挂网喷播	假俭草、紫羊茅、草地早熟禾，白三叶、双穗雀稗、小糠草、细叶结缕草、匍匐翦股颖、马尼拉香根草、狗牙根
	局部稳定性差部位采用浆砌石封闭	坡脚栽植攀援植物	爬山虎等
道路	拦挡、护坡、排水	道路乔、灌木行道树，树下铺植草皮，周边种植花灌木	马尼拉、香樟、桂花等园林植物
料场	拦挡防护	自然恢复为主、栽植攀援植物等	葛藤
弃渣场	挡渣墙＋排水涵管	根据渣场后续改造方向选择绿化方式，包括复耕、自然恢复等	复垦为农田，可种植玉米、番薯、南瓜等。也可选择果树、风景林（如梅、竹林）或选择植草防护

第四节　溧阳抽水蓄能电站绿色生态建设分析

一、项目概况

江苏溧阳抽水蓄能电站（简称溧阳项目）地处江苏省溧阳市，上水库位于龙潭林场伍员山工区，与安徽省接壤；下水库位于天目湖镇吴村，与沙河水库为邻。电站位于苏南地区负荷中心，距离南京、苏州、无锡、常州和镇江等城市相距 80～140km。枢纽建筑物主要由上水库、输水系统、发电厂房及下水库四部分组成。厂房采用首部式地下厂房，安装 6 台单机容量为 250MW 的可逆式水泵水轮发电机组，总容量为 1500MW，为一等大（1）型工程。

（一）地质情况

溧阳项目的下水库与沙河水库为邻，在沙河水库左岸的桃园-毛草堂一带的河流堆积阶地、宽缓浅冲沟和残丘处开挖形成库盆，与沙河水库相邻侧修建一座均质土坝与其隔开。

溧阳项目区属宜溧丘陵山区，为构造剥蚀地貌类型，西南部与东北部地形高差达300m以上。上水库位于伍员山两条冲沟的汇合处，库盆三面环山，边坡无大的堆积体分布，稳定性较好，覆盖层较薄，多为林地，其次是耕地和荒坡地，森林覆盖率达94%；下水库位于已建沙河水库左岸，地势平坦，多为稻田或旱地，其次为林地和园地，植被覆盖率约为60%。主要土壤为黄棕壤、水稻土。

（二）气候特征

溧阳项目所在区域位于北半球亚热带和暖温带的过渡地带，属季风型气候，干湿冷暖四季分明，雨量丰沛，日照充足，气候宜人。据气象观测记录资料显示：全年平均无霜期为224天，年平均气温为15.7℃，降水量为1155.2mm，雨日133天，平均风速为3.0m/s，日照2006.6h。

二、绿色生态建设策略

遵循“生态优先”和“和谐边坡”的原则，体现生物多样性，加速自然生态系统的恢复进程，人工治理所营造的坡面环境能被周围自然环境所“接纳”，与周边环境相协调，能经得起时间的考验。思路概括为因地制宜、安全有效、适地适树、乔灌优先。

（一）边坡

工程边坡一般陡峭、植生条件差，靠自然力量很难恢复原有生态平衡，因此在边坡形成后需及时将坡面覆盖，达到固坡、稳坡的作用，防止水土流失，同时绿化坡面、美化环境。边坡绿化方案主要为种植爬藤植物、种植灌木、撒播草籽和客土喷播等，鱼鳞坑方案因施工困难，造价和养护成本高，一般不采用。具体方案应根据边坡的类别（挖方或填方，石质或土质）、坡率、高度，以及绿化的时效性等进行选择和搭配。常用的边坡绿化方案为撒播草籽或客土喷播，当边坡无种植条件时，可在坡脚种植灌木或栽植爬藤植物，利用植物的攀爬覆盖坡面溧阳抽水蓄能电站边坡绿化分析见表7-46。

表7-46　　溧阳抽水蓄能电站边坡绿化分析

类型	边坡	绿化范围	坡脚、坡面
绿化策略	工程防护	铁丝网	
	绿化方案	（1）坡脚种植爬藤植物、种植灌木。 （2）坡面主要采用撒播草籽和客土喷播技术	
	植物品种	狗牙根＋高羊茅＋银合欢＋多花木兰＋刺槐＋截叶胡枝子	
施工	施工流程	施工准备→基础清理整平→挂网→液压喷播→覆盖→养护 基材、保水剂、黏合剂、肥料、草籽混合物→液压喷播 水泵接入→养护	

（二）道路

电站环库公路沿线两侧边坡坡率较大，大部分是中强风化石质边坡和土质边坡，虽然具备一定的植被自然恢复能力，但所需时间长，景观效果差。因此应根据工程区实际情况，首先对坡体、坡面地质风险进行整治，防止坡面基底不稳定造成如滑坡、崩塌、坍落等灾害；然后创造良好的植物生长环境，做好植被恢复工作，做到绿化一块成功一块，沿线坡顶及空地有自然植被的，要确实保护好自然植被，在保护的前提下进行植被恢复。尽量恢复自然生态，保持水土、景观效果统一。溧阳抽水蓄能电站道路边坡绿化分析见表 7-47。

表 7-47　　溧阳抽水蓄能电站道路边坡绿化分析

类型	道路	绿化范围	道路边坡	物质组成	土质、中强风化石质
绿化策略	工程防护	稳定基地、坡面，做好水土保持工作			
	绿化方案	（1）土质边坡种植灌木，坡脚种植攀援植物。 （2）较陡的石质边坡采取客土喷播进行绿化			
	植物品种	迎春、小叶女贞、爬山虎、狗牙根＋高羊茅＋银合欢＋多花木兰＋刺槐＋截叶胡枝子			

道路两侧的绿化方案主要为行道树种植，局部种植灌木和撒播草籽；同时，道路绿化尚需满足行车通视需求。场内道路绿化方案：道路两侧种植香樟树作为行道树，石质开挖边坡采用客土喷播，石质开挖边坡喷锚段在底部种植爬山虎和迎春花，填方边坡覆土撒播草籽和种植小叶女贞。从实施的效果看，香樟树因 2010 年冬季低温以及 2010 年下半年—2011 年上半年的连续干旱影响，部分死亡并进行了更换，其余植物生长情况均良好，满足了水土保持和环境保护的要求，同时投资和日常养护工作也很少。尤其是填方边坡虽然石块含量较多，小叶女贞在其上生长情况良好，这对后续渣场坡面绿化有很好的借鉴作用。(溧阳抽水蓄能电站道路绿化分析见表 7-48)。

表 7-48　　溧阳抽水蓄能电站道路绿化分析

类型	道路	绿化范围	道路两侧
绿化策略	绿化方案	（1）行道树种植。 （2）局部种植灌木	
	植物品种	香樟、狗牙根＋高羊茅＋银合欢＋多花木兰＋刺槐＋截叶胡枝子、迎春、小叶女贞、爬山虎	

（三）生活区

生活区一般水土流失方面的问题较少，主要为满足生态环境和景观要求；同时，生活区一般水源充足、养护条件好，植物品种的选择面相对较广。设计时需侧重于环境和景观，可根据现场布置，从总体到局部进行绿化景观设计，形成层次清晰、错落有致、美观整洁的总体效果，同时需考虑观树、观花、观果、闻香等不同的需求。在树种选择上，可考虑选用少量大规格名贵花木，以增加景观效果。根据不同的植物特性和种植部位进行合理的多物种搭配，通过合理间作，使各种植物生长正常，以保证达到设计效果，且能减少养护工作量。种植高羊茅、红叶石楠、橘子花、桂花、紫薇、紫荆、含笑、樱花等，营造了优美的内部环境，外部种植大规格香樟和桂花，使内部建筑与环境融为一体。溧阳抽水蓄能电站生活区绿化分析见表 7-49。

表 7-49　　溧阳抽水蓄能电站生活区绿化分析

类型	生活区	绿化范围	建筑周边
绿化方案	绿化方案	突出景观效果，多采用层次清晰、林向效果，且满足观树、观花、观果、闻香等不同的需求	
	植物品种	高羊茅、红叶石楠、橘子花、桂花、紫薇、紫荆、含笑、樱花、香樟、桂花	

（四）渣场

渣场绿化一般面积较大，石渣裸露，水肥条件差。施工期间主要采用工程措施防止水土流失，在渣场形成后需及时进行绿化，以满足水土保持和环境保护方面的要求，局部也可进行景观设计。具体方案一般为渣场外露面覆土后撒播草籽，边坡可种植灌木，渣场顶部可种植乔木，料场绿化方案与渣场类似。溧阳抽水蓄能电站渣场绿化分析见表 7-50。

表 7-50　　溧阳抽水蓄能电站渣场绿化分析

类型	渣场	绿化范围	渣场顶部、坡面、坡脚
绿化策略	工程防护	铁丝网	
	绿化方案	（1）顶部种植乔木。 （2）坡面种植灌木	
	植物品种	狗牙根＋高羊茅＋银合欢＋多花木兰＋刺槐＋截叶胡枝子	

（五）交通洞

进厂交通洞洞口两侧底部种植红叶石楠作为色块，间种龙爪槐、紫薇和茶花，使进厂交通洞洞口四季常绿、色彩丰富、春夏观花，整体效果良好（见图 7-32）。

图 7-32　溧阳抽水蓄能电站现场

第五节　呼和浩特抽水蓄能电站绿色生态建设分析

一、项目概况

呼和浩特抽水蓄能电站（简称呼蓄电站）位于内蒙古呼和浩特市东北部大青山山脉哈拉沁沟。电站安装 4 台单机容量为 300MW 可逆式水泵水轮机组。电站枢纽建筑物主要有上水库、水道系统、地下厂房系统、下水库（包括拦沙库）、泄洪排沙洞等。上水库位于料木山主峰的东北侧，通过开挖和填筑堆石坝的方式围筑成库，全库盆采用沥青混凝土面板防渗。上水库于 2013 年 8 月 8 日开始蓄水，截至 2013 年 11 月 25 日，已蓄至 1907.3m 的高程，满足对初期蓄水位的设计要求，蓄水量为 950 000m^3，水面线周长约为 1.5km。根据 NB/T 10072《抽水蓄能电站设计规范》中规定，在寒冷地区沥青混凝土面板的初期蓄水宜避开冬季低温时段进行。因电站所在地的气象条件和蓄水时间安排，要满足首台机组调试的上水库初期蓄水总量要求，蓄水过程已跨进冬季并在寒冷季节停顿，所以需要静水位越冬（见图 7-33）。

图 7-33　呼蓄电站上水库大坝

（一）地质情况

当地土壤类型较丰富，共有土类[1] 11 个、亚类 20 个，其中灰色森林土有机质含量较高，是电站上水库区的主要土壤类型，灰褐土有机质含量低，是电站地下系统区及下水库区的主要土壤类型。

（二）气候特征

呼蓄电站所在地属中温带季风性半干旱气候区，具有冬长夏短、寒暑变化急剧的特征，冬季漫长且严寒，可长达 5 个月。据呼和浩特市、武川县气象站实测资料统计，该区域极端最低气温分别为－32.8℃和－37.0℃。推算出上水库年平均气温为 1.1℃，年平均最高气温为 19.9℃，年平均最低气温为－21.0℃，极端最高气温为 35.1℃，极端最低气温为－41.8℃，冻土期长达 5 个月；年降水量为 300～400mm，降水量较少且季节分配极不均匀，主要集中在夏季，6～9 月降水量约占年降水量的 70％以上，冬季降

[1] 土类是以土壤发生学为指导，土壤属性为依据的一种土壤分类系统，1992 年定稿的《中国土壤分类系统》种规定确定了 12 个土纲、29 个亚纲、61 个土类和 231 个亚类的高级分类单元。

水极少，尤其是1、2、12月降水量一般都在10mm以下，且降水量年际变化很大；受气温和风力的影响，春、夏季蒸发量大，冬季蒸发量小，且蒸发量远大于流域降水量。

二、绿色生态建设策略

施工期间，因施工占地、开挖量大，对原地貌、植被影响或破坏较强烈，水土流失严重，开挖和占压土地的面积即扰动地表面积共371.46hm^2，包括永久征地200.85hm^2、临时占地170.61hm^2。扰动部位主要包括枢纽区、渣场区、料场区、施工公路区、施工营地场地区、水库淹没影响区和移民安置区等。考虑工程所处的地理位置（大青山自然保护区内），以及坡面开挖后，面层在自然气候作用下存在风蚀和崩塌的可能，极易形成水土流失，对道路安全、施工区及周边生态环境带来严重影响，区域边坡较陡，坡率在1∶0.5～1∶2之间，局部1∶0.25，边坡高度基本在15～90m，主要为施工区道路边坡，部分边坡全部为裸露岩石，部分较缓边坡有杂石松散覆盖层（见图7-34、图7-35）。

图7-34　下水库渣场

图7-35　拦砂坝库内

根据扰动区域问题，在水土保持工程措施和一般植物措施的基础上，主要采取TBS措施技术进行边坡防护。

（一）施工流程

施工流程：施工准备→坡面清理→规划放样→锚杆钻孔→安装锚杆、注浆→安装镀锌铁丝网→拌和、喷射基质混合物（含草籽）→养护。

（二）植物绿化方案

植物种类的选择在呼和浩特抽水蓄能电站边坡恢复中尤为关键，必须因地制宜，选择能适应当地气候和土壤条件的植物种，具体应符合：适应当地气候条件，抗逆性强，抗旱抗寒；根系发达，扩展性强；耐贫瘠，低养护，可粗放式管理；种子发芽力强，容易更新；种子种类丰富，具有种类多样性，并且多年生，满足固土要求。充分考虑呼和浩特抽水蓄能电站水文、气候、土质等条件，调查当地（严寒干旱地区）植物生长特点，研究确定以苜蓿、羊草、黑麦草、波斯菊等草本和紫穗槐、荆条等先锋灌木为固土护坡先锋植物，以沙棘、胡枝子、柠条等乡土乔灌木为中、长期优势植物，形成乔灌草、多层次、立体形、自然生态复合群落（如图7-36～图7-38所示），该群落在水土保持功能、群落生产力、景观绿化效果等方面均有明显优势。呼和浩特抽水蓄能电站绿化分析见表7-51。

图7-36　下水库坝后

图7-37　下水库库盆

图 7-38　下水库库内

表 7-51　　呼和浩特抽水蓄能电站绿化分析

名称	呼蓄电站	绿化面积（hm^2）	371.46	装机容量(万 m^3)	300MW
绿化范围	枢纽区、渣场区、料场区、施工公路区、施工营地场地区、水库淹没影响区和移民安置区等				
绿化策略	培育方式	种子			
	技术措施	TBS			
	植物品种	（1）乔木：沙棘、胡枝子、柠条。 （2）灌木：紫穗槐、荆条。 （3）草本：苜蓿、羊草、黑麦草、波斯菊			
施工流程	施工准备→坡面清理→规划放样→锚杆钻孔→安装锚杆、注浆→安装镀锌铁丝网→拌和、喷射基质混合物（含草籽）→养护				

第六节　深圳抽水蓄能电站绿色生态建设分析

一、项目概况

深圳抽水蓄能电站（简称深蓄电站）位于东经 114°15′～16′、北纬 22°37′～40′，毗邻香港特别行政区，电站由上水库、下水库、厂房和输水系统组成，设计装机容量为 1200MW，年发电量为 16.7 亿 kW·h，总投资约 43 亿元，施工期 6 年。项目区地处南亚热带海洋性季风气候区，多年平均降雨量为 1941mm，多年平均气温为 22.4℃，平均日照时数为 2120h，上水库所在的小三洲属于生态林保护区和规划建设的旅游度假区，下水库由现有的铜锣径水库扩建而成，该水库目前是深圳横岗镇的供水水源（见图 7-39）。

工程上水库位于深圳市重点建设的东部旅游度假区域内，现状景观资源以滨海和自

图 7-39 深圳抽水蓄能电站上水库

然山地风光为特色，受人为活动干扰较少，生态环境状况良好。三洲田规划功能为山地观光、休闲度假、生态旅游，目前的景观资源主要由水景（三洲田水库、小三洲塘）、山景（梅沙尖）和园景（三洲茶场）等共同组成。下水库现状为已有大坝和水面。

（一）地形条件

深蓄电站所在地主要为宽阔缓和的中低山至丘陵地貌景观，属东南沿海低山丘陵的一部分，地势上呈东南高西北低，地形坡率一般为 20°～35°。工程区域土壤分布以发育于花岗岩上的红壤、褐红壤为主，此外有零星分布的花岗岩黄壤。

（二）气候特征

工程地处南亚热带海洋性季风气候区域，气候温和，雨量充沛，多年平均降雨量为 1932mm，年内分配不均匀，4～9 月降雨量占全年降雨量的 80%以上。

（三）植被资源

原生植被特征为南亚热带季风常绿阔叶林，由于长期的人为干扰，现状植被为次生的针叶林、常绿阔叶林、灌木林、草丛、果林、农田群落。工程范围内有古树 2 种 5 株，包括 3 株红锥和 2 株罗夫榜；上水库征地影响范围内有生态风景林 11hm^2、双拥林 17hm^2。

二、绿色生态建设策略

工程建设对植被的影响主要是上下水库的淹没区、库间公路和施工道路的修建、施工营地的建设等，共减少植被面积 214.36m^2。预测可能受影响的植物有 132 科 168 属 418 种。最大的影响是对保存有较高大的乔木、生物量和生物多样性指标较好的阔叶林、灌草丛、人工林群落减少 15%面积和引起生境变化。在电站上水库征地影响范围内有生态风景林 19 200 株，品种有枫香、樟树、木荷、枫香、乌柏、台湾相思、红苞木、黎萌、桃花等。

（一）大坝生态恢复设计

上水库 1、2、3 号副坝及下水库全部主、副坝均为土坝，设计上在不影响坝体结构的前提下，采用浅根型草皮和景观植物护坡以达到绿化美化。坡面采用黄叶假连翘、花叶良姜、雏菊、一串红等，通过冠高、冠形、花叶色态、形状搭配组成文字、图形图案，增强坝坡植被立体观赏性，也体现了企业生态理念。深圳抽水蓄能电站 1～3 大坝绿化分析见表 7-52。

表 7-52　　　　深圳抽水蓄能电站 1～3 大坝绿化分析

部位		大坝	编号	1～3	区位	上水库	绿化位置	坝面	物质组成	土质
绿色生态防护技术	绿化策略	方案	（1）工程措施：干砌石护坡＋防浪墙＋排水沟。 （2）绿化措施：浅根型草皮＋景观植物护坡							
		植物	黄叶假连翘＋花叶良姜＋雏菊＋一串红							

上水库主坝及 4 号副坝为混凝土重力坝，坡面没有直接种植的条件，设计采用延伸混凝土种植槽方式，沿垂直方向每 5m 高设 1 道种植槽，由坝体延伸钢筋加固，混凝土浇筑。种植槽规格为 50cm×40cm，槽内覆 20cm 厚的耕植土，种植爬山虎等藤本植物攀缘生长，以达到最终覆盖坡面的效果，同时在坝顶设斜向喷水管灌溉。

深圳抽水蓄能电站 4 号大坝绿化分析见表 7-53。

表 7-53　　　　深圳抽水蓄能电站 4 号大坝绿化分析

部位		大坝	编号	4	区位	上水库	绿化位置	坝面	物质组成	混凝土
绿色生态防护技术	绿化策略	方案	混凝土种植槽＋种植攀援植物							
		植物	爬山虎							
	绿化设计示意		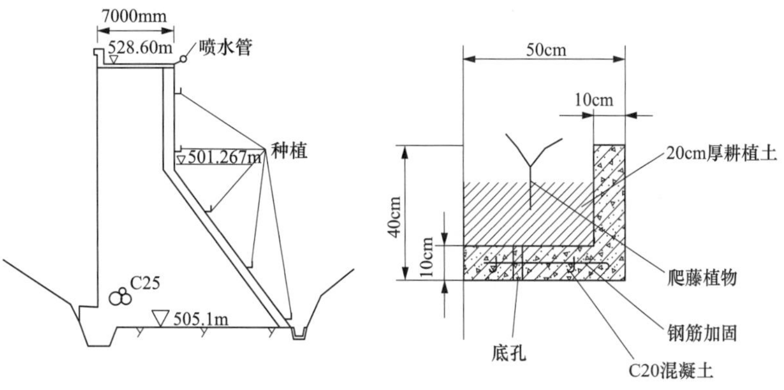							

上水库 5 号副坝背水坡为干砌石坝面，设计在其坡面覆土 30cm 后铺草皮护坡，同时间种大叶红草、矮脚美人蕉等草本花卉，以一定美观规则的图案增强坝坡植被的立体观赏性。深圳抽水蓄能电站 5 号大坝绿化分析见表 7-54。

表 7-54　　　　深圳抽水蓄能电站 5 号大坝绿化分析

部位	大坝	编号	5	区位	上水库	绿化位置	背水坡坡面	物质组成	干砌石
绿色生态策略		方案	（1）覆土＋铺草坪。 （2）间植草本花卉，增强美观性						
		植物	大叶红草、矮脚美人蕉						

（二）渣场生态设计

经土石方平衡计算，工程弃渣总量为 125.72 万 m^3，设计全部堆存在规划部门指定的一个沟道型弃渣场。渣场依山坡地形修建截水沟，将坡面汇水引入两侧沟道；综合考虑地形地质、筑坝材料、施工条件等因素，拦渣坝采用结构简单、易于施工，且可以就地取材利用渣料的浆砌石坝；堆渣过程中注意将弃土堆在顶部及表层，避免了渣面整治时还要客土回填；渣面植被恢复采用乔灌草结合，均选择当地乡土树草种木荷、大叶相思、桃金娘、红桑、百喜草、狗牙根等，迅速覆盖地表，恢复原地类。深圳抽水蓄能电站渣场绿化分析见表 7-55。

表 7-55　　深圳抽水蓄能电站渣场绿化分析

部位		渣场	类型	沟道型	绿化位置	渣面
绿色生态防护技术	绿化策略	工程防护	(1) 坡面设置截水沟。 (2) 浆砌石拦渣坝			
		绿化方案	乔灌草结合，栽植、播种结合			
		植物种类	木荷、大叶相思、桃金娘、红桑、百喜草、狗牙根等			

（三）隧道交通洞

交通洞洞口位于厂房西北面新建的横坪公路边，设计进洞点位于强风化岩石中，洞口段围岩属Ⅲ～Ⅳ类，进洞条件较差，洞口开挖边坡以土钉墙护坡和草皮护坡为主。由于特殊地理位置及地质条件影响，需要在开挖后的边坡进行网格梁及喷混植生护坡，恢复边坡植被。施工中采取了如下技术措施：

1. 土质边坡喷播植草施工方法

(1) 对已开挖形成的坡面，采用人工细致整平，并挖水平楔形沟。清除所有的岩石、碎泥块、植物、垃圾。对全风化边坡或土质差、不利于草种生长的坡面，采用客土回填改良基质，回填深度一般为 50～75mm，并用水湿润让坡面自然沉降至稳定。

(2) 边坡排水系统的设置。对于长大边坡，坡顶、坡脚及马道均需设置排水沟。并应根据坡面水流量的大小考虑是否设置坡面排水。

(3) 草种选用以狗牙草为主，假俭草、弯叶画眉草多种草籽混播的方式，各草种比例为 6∶2∶2。按配合比例配合草种、木纤维、保水剂、黏结剂、复合肥、保水剂、染色剂及水的混合物通过固定在卡车上的液压喷播机，以泵加压高速喷射在边坡的表面。

2. 三维植被网护坡施工方法

首先进行坡面平整，为保证三维植被网与坡面的紧密结合，交验后的坡面，采用人工细致整平，清除所有的岩石、碎泥块、植物、垃圾和其他可能引起网在地面被顶起的阻碍物。进行必要的客土改良。为营造植物生长的适宜环境，保障植物生长所需的养分、水分的供给，在喷播前需先覆盖 5cm 厚的改良客土。同时要进行开挖沟槽处理，在坡顶及坡底沿边坡走向开挖一矩形沟槽，坡面顶沟离坡面 30cm，用以固定三维植被网。深圳抽水蓄能电站隧道交通洞口绿化分析见表 7-56。

表 7-56　　深圳抽水蓄能电站隧道交通洞口绿化分析

部位		交通洞口	绿化位置	洞脸	物质组成	强风化岩石
绿色生态防护技术	绿化策略	工程防护	(1) 土钉墙护坡。 (2) 网格梁防护。 (3) 三维网防护。 (4) 坡顶、坡脚及马道均需设置排水沟			
		绿化方案	喷播植草			
		植物种类	以狗牙草为主，假俭草、弯叶画眉草等多种草籽混播			

第八章

总结与启示

通过对抽水蓄能电站以及相关行业的案例梳理，不难发现创面修复及生态恢复的工作在工程建设中被日益重视。纵观全国范围内生态建设的典型案例，有以下初步结论和收获。

（1）抽水蓄能电站绿色生态建设未成体系。一方面，就某个具体项目而言，其生态建设虽已有了很多积极意义的探索，但多为针对局部的片断尝试，仍缺少对整项工程的全面绿化建设规划。另一方面，从建设时序上来看，缺少系统的针对抽水蓄能电站各阶段的有效的绿化生态策略。

（2）地域差异性。从治理措施上来看，生态绿化建设可分为工程措施和植物治理措施。地域差异除了影响地质气候等条件并进一步影响防护支护、水土保持技术等工程手段的选择外，其影响更在于不同的气候片区下的植物类型、生长势的根本不同，并在后续绿化过程中持续影响人工介入方法的选择和程度。

（3）功能部位差异。不同的功能部位由于承担的功能角色不同，其绿化目标、相应策略、绿化及养护措施不同。整体上来看，在满足水土保持等基础安全目标之外，抽水蓄能电站的绿化生态建设中将不只满足于“覆绿”的做法，而对景观性提出了更高的需求。

（4）由于抽水蓄能项目工程占地范围大、工程时间长，往往涉及复杂的用地类型。需以符合当地相关部门土地管理为基础，合理选择生态建设策略。

（5）由于绿化生态恢复设计与前期工程防护的规划不同步，很多边坡在施工初期阶段采用了水泥、混凝土封面的措施进行防护，大大增加了后期复绿的难度（见图 8-1），这启发了绿化生态建设不应该只是一项创面产生后的补救措施，而应作为关键一环纳入水利水电工程设计全流程的设计施工之中——即保证“绿色生态建设”与“设计”“施工”的“三同时”，以满足新时代国家电网行业的可持续发展规划、符合国家对于生态环境保护策略的高标准要求。

“三同时”的内涵可按照抽水蓄能电站的设计流程顺序和施工中的技术思路两个方面进一步开展：

1）从设计流程上来看，“绿色生态建设”需要在水利水电工程的规划层面即被纳

图 8-1　料场喷混封面防护加大了后期复绿的难度

入，这要求将原本广泛认知的“修补创面”事后观念转变成一种以环境保护为优先的预判意识，将在实践层面带来许多切实可行的影响，比如在工程稳定的前提下尽量保留原生植物，合理将堆料场规划在常水位之下，根据渣场未来改造方向提前规划其堆放位置及形式等。绿色生态建设的范围除了各创面本身，还包括项目的影响区域，这些对区域性生态建设具有显著的积极意义。

2）从施工过程中的技术思路来看，“三同时”提倡的预判意识在实际施工层面将带来更为灵活的解题思路。比如“留窗绿化”——在大面积的硬质防护中，适当预留绿化窗格空间；“隙地绿化”——充分利用岩石表面形成的凹槽、边角砌筑植生槽、坡脚种植攀援植物等方式。

（6）交叉行业的持续交流。相关行业的生态修复经验提供了很多具体的、切实可行的工程手段和技术思路，具有宝贵的借鉴意义。

附录A　抽水蓄能电站绿色生态建设情况调查样表

表A.1　　大坝绿色生态建设情况调查表

<table>
<tr><td colspan="2">电站名称</td><td></td><td colspan="2">编号</td><td></td><td colspan="2">调研日期/调研人</td><td></td><td colspan="2">区位类型</td><td></td></tr>
<tr><td colspan="2">坝型</td><td></td><td colspan="2">坡高（m）</td><td></td><td colspan="2">坡脚坡率</td><td></td><td colspan="2">坡向</td><td></td></tr>
<tr><td rowspan="2">序号</td><td rowspan="2">植物名称</td><td>数量</td><td colspan="4">绿色生态防护技术</td><td rowspan="2">生长情况</td><td rowspan="2">是否有基础信息资料（地形地质水文、气象资料、植物资源等基础信息）</td><td colspan="2">是否包含专门绿化生态实施方案</td><td rowspan="2">备注</td></tr>
<tr><td>棵/m²</td><td>工程防护</td><td>栽植培育</td><td>播种培育</td><td>排水设计</td><td>排水设计</td><td>相关绿化图纸</td></tr>
<tr><td>1</td><td></td><td></td><td></td><td></td><td></td><td></td><td></td><td></td><td></td><td></td><td></td></tr>
<tr><td>2</td><td></td><td></td><td></td><td></td><td></td><td></td><td></td><td></td><td></td><td></td><td></td></tr>
<tr><td>3</td><td></td><td></td><td></td><td></td><td></td><td></td><td></td><td></td><td></td><td></td><td></td></tr>
<tr><td>⋮</td><td></td><td></td><td></td><td></td><td></td><td></td><td></td><td></td><td></td><td></td><td></td></tr>
<tr><td></td><td></td><td></td><td></td><td></td><td></td><td></td><td></td><td></td><td></td><td></td><td></td></tr>
<tr><td></td><td></td><td></td><td></td><td></td><td></td><td></td><td></td><td></td><td></td><td></td><td></td></tr>
<tr><td></td><td></td><td></td><td></td><td></td><td></td><td></td><td></td><td></td><td></td><td></td><td></td></tr>
</table>

注　1. 本表适用于大坝绿化生态建设情况的书面调研及实地调研。

2. 典型设计结合平面图进行详细测绘，便于后期编制典型案例方案。

3. 生长情况从总体绿化率、存活率、生长势等多方面进行评价，以下标准可供参考。

（1）优。总体绿化率在95%以上，存活率在90%以上，生长势好。

（2）良。总体绿化率为80%～95%，存活率在80%以上，生长势良好。

（3）差。总体绿化率在80%以下，存活率在80%以下，生长势不佳。

4. 其他信息补充在备注中，包括补植次数、其他的绿化技术等。

表 A.2　渣场绿色生态建设情况调查表

电站名称			编号			调研日期/调研人			区位类型		
堆渣量（万 m^3）			堆高（m）			坡率			防护建筑		
表层土厚度（cm）			容重（kN/m^3）			占地类型					
序号	植物名称	数量	绿色生态防护技术				生长情况	是否有基础信息资料（地形地质水文、气象资料、植物资源等基础信息）	是否包含专门绿化生态实施方案		备注
		棵/m^2	工程防护	栽植培育	播种培育	排水设计			绿化文本	相关绿化图纸	
1											
2											
3											
⋮											

注　1. 本表适用于边渣场绿化生态建设情况的书面调研及实地调研。

2. 典型设计结合平面图进行详细测绘，便于后期编制典型案例方案。

3. 生长情况从总体绿化率、存活率、生长势等多方面进行评价，以下标准可供参考。

（1）优。总体绿化率在95%以上，存活率在90%以上，生长势好。

（2）良。总体绿化率为80%～95%，存活率在80%以上，生长势良好。

（3）差。总体绿化率在80%以下，存活率在80%以下，生长势不佳。

4. 其他信息补充在备注中，包括补植次数、其他的绿化技术等。

表 A.3 **料场绿色生态建设情况调查表**

<table>
<tr><td colspan="2">电站名称</td><td></td><td colspan="2">编号</td><td></td><td colspan="2">调研日期/调研人</td><td></td><td colspan="2">场地区位</td><td></td></tr>
<tr><td colspan="3">高程差(m)
(指最高点与出口点高程差)</td><td colspan="3"></td><td colspan="2">平均坡率(指
最大高差与料场)</td><td></td><td colspan="2"></td><td></td></tr>
<tr><td rowspan="2">序号</td><td rowspan="2">植物名称</td><td>数量</td><td colspan="4">绿色生态防护技术</td><td rowspan="2">生长情况</td><td rowspan="2">是否有基础信息资料
(地形地质水文、气象资料、植物资源等基础信息)</td><td colspan="2">是否包含专门绿化生态实施方案</td><td rowspan="2">备注</td></tr>
<tr><td>棵/m^2</td><td>工程防护</td><td>栽植培育</td><td>播种培育</td><td>排水设计</td><td>绿化文本</td><td>相关绿化图纸</td></tr>
<tr><td>1</td><td></td><td></td><td></td><td></td><td></td><td></td><td></td><td></td><td></td><td></td><td></td></tr>
<tr><td>2</td><td></td><td></td><td></td><td></td><td></td><td></td><td></td><td></td><td></td><td></td><td></td></tr>
<tr><td>3</td><td></td><td></td><td></td><td></td><td></td><td></td><td></td><td></td><td></td><td></td><td></td></tr>
<tr><td>⋮</td><td></td><td></td><td></td><td></td><td></td><td></td><td></td><td></td><td></td><td></td><td></td></tr>
<tr><td></td><td></td><td></td><td></td><td></td><td></td><td></td><td></td><td></td><td></td><td></td><td></td></tr>
<tr><td></td><td></td><td></td><td></td><td></td><td></td><td></td><td></td><td></td><td></td><td></td><td></td></tr>
<tr><td></td><td></td><td></td><td></td><td></td><td></td><td></td><td></td><td></td><td></td><td></td><td></td></tr>
<tr><td></td><td></td><td></td><td></td><td></td><td></td><td></td><td></td><td></td><td></td><td></td><td></td></tr>
</table>

注 1. 本表适用于料场绿化生态建设情况的书面调研及实地调研。

2. 典型设计结合平面图进行详细测绘，便于后期编制典型案例方案。

3. 生长情况从总体绿化率、存活率、生长势等多方面进行评价，以下标准可供参考。

(1) 优。总体绿化率在95%以上，存活率在90%以上，生长势好。

(2) 良。总体绿化率为80%～95%，存活率在80%以上，生长势良好。

(3) 差。总体绿化率在80%以下，存活率在80%以下，生长势不佳。

4. 其他信息补充在备注中，包括补植次数、其他的绿化技术等。

表 A.4　　隧道洞口绿色生态建设情况调查表

电站名称				编号				场地区位			
洞高（m）				断面面积（m^2）				调研日期/调研人			
序号	植物名称	数量	绿色生态防护技术				生长情况	是否有基础信息资料（地形地质水文、气象资料、植物资源等基础信息）	是否包含专门绿化生态实施方案		备注
		棵/m^2	工程防护	栽植培育	播种培育	排水设计			绿化文本	相关绿化图纸	
1											
2											
3											
⋮											

注　1. 本表适用于隧道洞口生态建设情况的书面调研及实地调研。

2. 典型设计结合平面图进行详细测绘，便于后期编制典型案例方案。

3. 生长情况从总体绿化率、存活率、生长势等多方面进行评价，以下标准可供参考。

（1）优。总体绿化率在 95%以上，存活率在 90%以上，生长势好。

（2）良。总体绿化率为 80%～95%，存活率在 80%以上，生长势良好。

（3）差。总体绿化率在 80%以下，存活率在 80%以下，生长势不佳。

4. 其他信息补充在备注中，包括补植次数、其他的绿化技术等。

表 A.5　　道路绿色生态建设情况调查表

电站名称				编号			调研日期/调研人			场地区位		
道路类型				路面/桥面宽度（m）			绿化范围			绿化宽度（m）		
序号	调研道路行进方向	植物名称	数量	绿色生态防护技术				生长情况	是否有基础信息资料（地形地质水文、气象资料、植物资源等基础信息）	是否包含专门绿化生态实施方案		备注
			棵/m^2	工程防护	栽植培育	播种培育	排水设计			绿化文本	相关绿化图纸	
1												
2												
3												
⋮												

注　1. 本表适用于道路桥梁绿化生态建设情况的书面调研及实地调研。

2. 调研对象为道路行进方向右侧绿化空间。

3. 典型设计结合平面图进行详细测绘，便于后期编制典型案例方案。

4. 生长情况从总体绿化率、存活率、生长势等多方面进行评价，以下标准可供参考。

（1）优。总体绿化率在95%以上，存活率在90%以上，生长势好。

（2）良。总体绿化率为80%～95%，存活率在80%以上，生长势良好。

（3）差。总体绿化率在80%以下，存活率在80%以下，生长势不佳。

5. 其他信息补充在备注中，包括补植次数、其他的绿化技术等。

表 A.6　边坡绿色生态建设情况调查表

电站名称			编号			调研日期/调研人			区位类型		
绿化宽度(m)/面积(m^2)			坡高（m）			坡脚坡率			坡向		
序号	植物名称	数量	绿色生态防护技术				生长情况	是否有基础信息资料（地形地质水文、气象资料、植物资源等基础信息）	是否包含专门绿化生态实施方案		备注
		棵/m^2	工程防护	栽植培育	播种培育	排水设计			绿化文本	相关绿化图纸	
1											
2											
3											
⋮											

注　1. 本表适用于边坡绿化生态建设情况的书面调研及实地调研。

2. 典型设计结合平面图进行详细测绘，便于后期编制典型案例方案。

3. 生长情况从总体绿化率、存活率、生长势等多方面进行评价，以下标准可供参考。

（1）优。总体绿化率在95%以上，存活率在90%以上，生长势好。

（2）良。总体绿化率为80%～95%，存活率在80%以上，生长势良好。

（3）差。总体绿化率在80%以下，存活率在80%以下，生长势不佳。

4. 其他信息补充在备注中，包括补植次数、其他的绿化技术等。

表 A.7　　地面开关站绿色生态建设情况调查表

电站名称				编号				调研日期/调研人			
建筑名称				场地区位				绿化面积（m^2）			
序号	植物名称	数量	绿色生态防护技术				生长情况	是否有基础信息资料（地形地质水文、气象资料、植物资源等基础信息）	是否包含专门绿化生态实施方案		备注
		棵/m^2	工程防护	栽植培育	播种培育	排水设计			绿化文本	相关绿化图纸	
1											
2											
3											
⋮											

注　1. 本表适用于地面建筑物及周边绿化生态建设情况的书面调研及实地调研。

2. 典型设计结合平面图进行详细测绘，便于后期编制典型案例方案。

3. 生长情况从总体绿化率、存活率、生长势等多方面进行评价，以下标准可供参考。

（1）优。总体绿化率在 95%以上，存活率在 90%以上，生长势好。

（2）良。总体绿化率为 80%～95%，存活率在 80%以上，生长势良好。

（3）差。总体绿化率在 80%以下，存活率在 80%以下，生长势不佳。

4. 其他信息补充在备注中，包括补植次数、其他的绿化技术等。

附录 B　基本概况调查表

表 B.1　　**野生植物资源物种名**

网格编号：________　____省　____市（州）　______县　____乡（镇）　____村　日期：________调查人__________

序号	科/种名	拉丁学名	特有性	用途	利用情况	分布	凭证	备注
1								
2								
3								
⋮								

注　1. 种名：发表或权威书籍上的中文名。
2. 拉丁学名：国际统一拼写标准。
3. 特有性：中国特有 N，省级持有 P。
4. 用途：材用、观赏、药用等。
5. 利用情况：大量、少量、偶尔等。
6. 分布：县级行政地名。
7. 凭证：文献资料记载、标本记载、实地调查等。

表 B.2　植物物种资源贸易市场调查表

网格编号：＿＿＿＿　＿＿＿＿省＿＿＿＿市（州）＿＿＿＿县＿＿＿＿乡（镇）＿＿＿＿村　日期：＿＿＿＿

市场名称：＿＿＿＿　被调查摊位：＿＿＿＿　摊位性质：＿＿＿＿　被调查人：＿＿＿＿　联系方式：＿＿＿＿

表格编号：＿＿＿＿　调查人：＿＿＿＿　访谈时间：＿＿＿＿　访谈地点：＿＿＿＿

序号	物种名称	俗名	拉丁学名	来源	性质	状态	价格	年出售量	年销售量变化/原因	备注
1										
2										
3										
⋮										

注　1. 摊位性质：临时、永久等。

2. 来源：摊主采集、转手倒卖等。

3. 性质：野生、栽培。

4. 状态：干、湿。

5. 价格：元/斤（根、把）。

6. 年出售量：kg（根、把）/年。

7. 年销售量变化：减少、一样、增加/资源量减少、购买人减少等。

表 B.3 地形地质水文调查表

<table>
<tr><td colspan="2" rowspan="2">点号</td><td rowspan="2"></td><td rowspan="2">高程</td><td>绝对</td><td></td></tr>
<tr><td>相对</td><td></td></tr>
<tr><td rowspan="2">位置</td><td>地理位置</td><td></td><td colspan="2">地质时代</td><td></td></tr>
<tr><td>坐标</td><td></td><td colspan="2">层位要素</td><td></td></tr>
<tr><td rowspan="6">所在点水文地质特征</td><td colspan="5">地层岩性（层位产状等）构造（构造部位与点相关的断裂及性状）</td></tr>
<tr><td colspan="5"></td></tr>
<tr><td colspan="5">地形、地貌等</td></tr>
<tr><td colspan="5"></td></tr>
<tr><td colspan="5">与物理地质现象相关的分析</td></tr>
<tr><td colspan="5"></td></tr>
</table>

表 B.4 气象资料调查表

气象要素		单位	地点	调查日期	调查人
平均气压		hPa			
气温	年平均	℃			
	极端最高	℃			
	极端最低	℃			
平均相对湿度		%			
年平均降水量		mm			
年平均蒸发量		mm			
风速	平均	m/s			
	最大	m/s			
	最多风向				
地面温度	平均	℃			
	极端最高	℃			
	极端最低	℃			
日照时数		时			
大风日数		天			
雷暴日数		天			
霜日数		天			
最大积雪深度		cm			
冻土深度	标准冻深	cm			
	最大冻深	cm			

附录 C　相关标准

1. GB 50014《室外排水设计规范》
2. GB 50021《岩土工程勘察规范》
3. GB/T 50266《工程岩体试验方法标准》
4. GB 50286《堤防工程设计规范》
5. GB 50330《建筑边坡工程技术规范》
6. GB 50434《生产建设项目水土流失防治标准》
7. GB 50487《水利水电工程地质勘察规范》
8. GB/T 32864《滑坡防治工程勘查规范》
9. CJJ/T 292《边坡喷播绿化工程技术标准》
10. DL/T 5169《水工混凝土钢筋施工规范》
11. DL/T 5255《水电水利工程边坡施工技术规范》
12. JGJ/T 412《混凝土基体植绿护坡技术规范》
13. NB/T 10072《抽水蓄能电站设计规范》
14. NB/T 10491《水电工程施工组织设计规范》
15. NB/T 10509《水电建设项目水土保持技术规范》
16. NB/T 10512《水电工程边坡设计规范》
17. NB/T 35082《水电工程陡边坡植被混凝土生态修复技术规范》
18. NB/T 35120《水电工程施工总布置设计规范》
19. NB/T 35111《水电工程渣场设计规范》
20. CECS 456《格网土石笼袋、护坡工程袋应用技术规程》
21. DZ/T 0219《滑坡防治工程设计与施工技术规范》
22. JTG/T D33《公路排水设计规范》
23. SL 25《砌石坝设计规范》
24. SL 73.6《水利水电工程制图标准　水土保持图》
25. SL 253《溢洪道设计规范》
26. SL 379《水工挡土墙设计规范》
27. SL 386《水利水电工程边坡设计规范》
28. SL/T 804《淤地坝技术规范》
29. DB37/T 5084《立体绿化技术规程》

参 考 文 献

[1] 杨秀丽．人工边坡的植被护坡技术和景观设计方法［D］．重庆大学，2005.

[2] 刘树明．3S 技术及景观生态学支持下的植被调查与生态评价［D］．福建师范大学，2012.

[3] 铁朝虎，洪彰华，左亚西，等．TBS 技术在严寒地区边坡防护中的应用［J］．中国水土保持，2018，01（430）：28-30.

[4] 蹇超．TBS 喷播植物技术在泸定水电站边坡景观绿化中的运用［J］．四川水力发电，2017，36（B07）：3.

[5] 王作鹏，王意．抽水蓄能电站工程建设中生态环境监理工作实践探讨［J］．环境保护与循环经济，2014（03）：72-75.

[6] 黄海颖．抽水蓄能电站绿色指标体系研究［D］．华南理工大学，2016.

[7] 王静，张翼，杨凯．抽水蓄能电站水土保持措施设计［J］．中国水土保持，2018，000（001）：17-19.

[8] 张晓利．抽水蓄能电站渣场布置及防护研究［D］．西北农林科技大学，2014.

[9] 曾旭，陈芳清，许文年，等．大型水利水电工程扰动区植被的生态恢复——以向家坝水电工程为例［J］．长江流域资源与环境，2009，18（11）：1074-1079.

[10] 张红兵．风景区水电站施工环保综合技术研究及应用［J］．黑龙江科技信息，2017（19）：140-141.

[11] 朱永国，舒安平，高小虎．干热河谷区边坡生态恢复技术对建设绿色水电站的重要性探索［J］．水利发展研究，2017，07（193）：45-47＋62.

[12] 马志林．工程绿化——特殊困难立地生态修复新技术［J］．安徽农业科学，2012（08）：367-369.

[13] 赵冰琴．工程扰动区边坡生态修复技术研究综述［J］．水利水电技术，2017，48（2）：8.

[14] 詹才锋，王玄．广东惠州抽水蓄能电站建设期环境保护工作实践［J］．中国水能及电气化，2014（4）：3.

[15] 罗莎莎，刘云，刘国中，等．国外抽水蓄能电站发展概况及相关启示［J］．中外能源，2013，18（011）：26-29.

[16] 张晓利，朱首军，郝连安．黑麋峰抽水蓄能电站常家冲弃渣场水土保持措施设计［J］．现代农村科技，2014，000（014）：56-57.

[17] 田应富，杨兴贵．洪家渡水电站环境保护施工［J］．贵州水力发电，2005，19（004）：41-44.

[18] 田青怀，廖绫，张洋宁，等．厚层基材（TBS）工艺在功果桥电站边坡生物防护中的应用［J］．草业科学，2016（33）：2144-2152.

[19] 吴王燕，李冬晓，郭坚，等．华东地区抽水蓄能电站建设的生态保护对策——以安徽金寨抽水蓄能电站为例［J］．环境与发展，2017（08）：180-181.

[20] 武志刚，罗纨，贾忠华，等．黄河上游水电站渣场生态修复区植被恢复状况的初步研究［J］．水力发电学报，2013（04）：51-56.

[21] 姜文达，陈奇伯，藜建强，等．金安桥水电站弃渣场植被恢复多样性变化［J］．西北林学院学报，2013（03）：182-186.

[22] 余德恒，陈奇伯，王克勤，等．金安桥水电站渣场边坡植物防治灌草种的选择［J］. 亚热带水土保持，2009，21（3）：12-15.
[23] 陈洋，王玮，罗龙海，等．金沙江干热河谷地带 r 大型水电工程建设区水土流失防治措施探讨——以白鹤滩水电站为例［J］. 水电与新能源，2018，032（001）：68-71，78.
[24] 卢炜丽，陈奇伯，黄鹏飞，等．金沙江金安桥水电站废弃地植被恢复研究［J］. 中国水土保持，2011（02）：58-61.
[25] 魏黎，李绍才，孙海龙，等．锦屏水电站岩土渣场植被恢复的动态特征［J］. 生态学杂志，2010，029（002）：250-255.
[26] 陈劲跃．开挖边坡水土保持及生态修复技术初探［J］. 广东水利电力职业技术学院学报，2007，5（002）：75-77.
[27] 孙念祖．溧阳抽水蓄能电站工程绿化简述［C］// 抽水蓄能电站工程建设文集 2011. 中国水力发电工程学会，2011.
[28] 金章利，李桂媛，陈姗姗．溧阳抽水蓄能电站下库边坡生态修复与绿化设计［J］. 价值工程，2012，31（011）：84-85.
[29] 邱声林．论植被混凝土岩石边坡绿化［J］. 广东科技，2011，20（016）：77-78.
[30] 金鑫，汪洋，杨竣凯．苗尾水电站景观规划方案设计［J］. 云南水力发电，2017，33（0z1）：79-83.
[31] 艾淑杰．破坏山体植被快速恢复的生态设计［D］. 山东农业大学，2007.
[32] 于泳，杨伟，李璐，等．弃渣场植被恢复与重建研究进展综述［J］. 亚热带水土保持，27（3）：5.
[33] 倪小军，白秀银．浅谈库区还建公路总体方案设计［J］. 公路交通技术，2020，36（5）：5.
[34] 王彤彤．浅谈泰山景区泰山抽水蓄能电站上水库区景观恢复［J］. 南方农业，2015，000（016）：17-19.
[35] 郑美燕．浅议广东地区抽水蓄能电站的林木保护和利用问题——以深圳抽水蓄能电站为例［J］. 亚热带水土保持，2016，28（002）：51-54.
[36] 黄宇飞．清远抽水蓄能电站公路边坡治理措施浅析［J］. 水电站机电技术，2018，041（004）：52-56，66.
[37] 李建生，李进，郑国权，等．深圳抽水蓄能电站水土保持生态工程设计［J］. 广东水利水电，2009（04）：77-80.
[38] 刘兰芬，陈凯麒，朱瑶．十三陵抽水蓄能电站工程的水土保持及景观恢复措施效果分析［J］. 电力环境保护，2000（3）：26-28.
[39] 王英．水电工程陆生生态环境影响评价与生态管理研究——以拟建的乌龙山抽水蓄能电站建设项目为例［D］. 西北大学，2007.
[40] 何荣智，卢喜平，何孟．水电站废弃地植被恢复与重建研究［J］. 四川水力发电，2007（01）：122-126.
[41] 张荣慧，樊国盛．水电站公路边坡绿化探讨［J］. 现代农业科技，2010，000（024）：237-238.
[42] 黄智刚．水电站建设项目水土保持植被建设浅谈［J］. 海峡科学，2007（5）：28-29.
[43] 史小栋，朱永刚，操昌碧．水电站特大型弃渣场水土保持措施设计研究——以俄德西沟特大型弃渣场为例［J］. 四川环境，2017，36（02）：139-143.
[44] 高小虎，黄翔，田露．水利水电工程边坡防护和植被恢复设计［J］. 水资源开发与管理，2017，000（009）：38-42.

[45] 杜帅群，张超杰，葛小博，等．思林水电站弃渣场综合治理 [J]. 贵州水力发电，2010，24 (003)：54-58.
[46] 王樱畯，李金荣．天荒坪抽水蓄能电站上水库设计特点及技术发展 [J]. 水电自动化与大坝监测，2018，004 (005)：20-25.
[47] 范世俊．万安水电站弃渣场水土保持措施设计 [J]. 河南水利与南水北调，2019，48 (10)：9-10.
[48] 孙静．文登抽水蓄能电站项目的可行性研究 [D]. 山东大学，2016.
[49] 刘利文，顾功开，商国栋．乌东德水电站生态环境保护实践与创新 [J]. 水电与新能源，2016，000 (001)：75-78.
[50] 朱国飞．乌弄龙水电站景观绿化及植被恢复规划设计研究 [J]. 林业调查规划，2018，43 (06)：105-111.
[51] 赵鑫，刘毅，冯子元．香根草技术在深圳抽水蓄能电站工程建设中的应用 [J]. 广东水利水电，2012，000 (003)：26-30.
[52] 张博，许文年．向家坝水电站工程施工区左岸植被分析及规划建议 [J]. 三峡大学学报（自然科学版），2011 (06)：9-12.
[53] 王震，王伟，张华精．永泰抽蓄电站绿色生态建设研究 [J]. 四川水泥，2020 (10)：111-112.
[54] 张怡．浙江抽水蓄能电站的现状与发展分析 [J]. 浙江水利水电学院学报，2018，030 (005)：37-41.
[55] 赵方莹，赵廷宁．边坡绿化与生态防护技术 [M]. 中国林业出版社，2009.
[56] 李明辉，彭少麟，申卫军，等．景观生态学与退化生态系统恢复 [J]. 生态学报，2003，23 (8)：7.
[57] 俞孔坚．生物保护的景观生态安全格局 [J]. 生态学报，1999，19 (1)：8.
[58] 杨悦舒，夏振尧，肖海，陈毅，张伦，姚小月．恢复生态学理论在水电工程扰动区边坡生态修复中的应用 [J]. 长江科学院院报，2015，32 (07)：52-57.